底气

胡适 著

当代世界出版社

图书在版编目（CIP）数据

底气 / 胡适著. -- 北京：当代世界出版社，2013.11
（胡适的世界）
ISBN 978-7-5090-0943-7

Ⅰ．①底… Ⅱ．①胡… Ⅲ．①胡适（1891～1962）—人生哲学—文集 Ⅳ．① B821-53

中国版本图书馆 CIP 数据核字（2013）第 242506 号

书　　名：	底气
出版发行：	当代世界出版社
地　　址：	北京市复兴路 4 号（100860）
网　　址：	http://www.worldpress.org.cn
编务电话：	（010）83908456
发行电话：	（010）83908409
	（010）83908377
	（010）83908455
	（010）83908423（邮购）
	（010）83908410（传真）
经　　销：	全国新华书店
印　　刷：	北京天正元印务有限公司
开　　本：	635 毫米 × 965 毫米　1/16
印　　张：	16
字　　数：	190 千字
版　　次：	2013 年 11 月第 1 版
印　　次：	2013 年 11 月第 1 次
书　　号：	ISBN 978-7-5090-0943-7
定　　价：	28.00 元

如发现印装质量问题，请与承印厂联系调换。

版权所有，翻印必究；未经许可，不得转载！

目 录

我们需要怎样的信仰

我的信仰　003

不　朽　025

介绍我自己的思想　034

我的歧路　047

在中研院评议会的致辞　052

中国古代政治思想史的一个看法　055

一个防身药方的三味药　072

中学生的修养与择业　077

赠与今年的大学毕业生　085

我们对学生的希望　091

爱国运动与求学　098

名　教　103

我们需要怎样的精神

差不多先生传 115

工程师的人生观 117

报业的真精神 123

大宇宙中谈博爱 129

新闻记者的修养 131

请大家来照照镜子 136

领袖人才的来源 143

后生可畏 148

少年中国之精神 150

不 老 154

漫游的感想 159

《独立评论》的一周年 172

科学发展所需要的社会改革 177

我们对于西洋近代文明的态度 182

何谈容忍与自由

我们要我们的自由　197

中国文化里的自由传统　200

容忍与自由　204

自由主义　210

"宁鸣而死,不默而生"　217

个人自由与社会进步　222

争自由的宣言　227

纪念林肯的新意义　230

新闻独立与言论自由　233

致《自由中国》社的一封信　239

思想革命与思想自由　241

读程天放先生的《美国论》后记　244

我们需要怎样的信仰

我的信仰

一

我父胡传,是一位学者,也是一个有坚强意志,有行政才干的人。经过一个时期的古典文史训练后,他对于地理研究,特别是边省的地理,抱有浓厚的兴趣。他前往京师,怀了一封介绍书,前往京师,又走了四十二日而达北满吉林,觐见钦差大臣吴大澂。吴氏作为中国的一个伟大考古学家,现在见知于欧洲的汉学家们。

吴氏延见他,问有什么可以替他为力的。我父说道:"没有什么,只求准我随您去解决中俄界务的纠纷,使我得以研究东北各省的地理。"吴氏对于这个只有秀才底子,且在关外长途跋涉之后,差不多已是身无分文的学者,觉得有味。他带了这个少年去干他那历史上有名的差使,得他做了一个最有价值、最肯做事的帮手。

有一次与我父亲同走的一队人,迷陷在一个广阔的大森林之内,三天找不着出路。到粮食告罄,一切侦察均归失败时,我父亲就提议寻觅溪流。溪流是多半流向森林外面去的。一条溪流找到了,他们一班人就顺流而行,得达安全的地方。我父亲作了一首长诗纪念这次的事迹,乃四十年后,我在一篇《论杜威教授》的论文里,以这件事实为例证,虽则我未尝提到他的名字,有好些与我父亲相熟而犹生存着的人，都还认得出这件故事，并写信问我是不是他们故世已久的朋友的一个小儿子。

吴大澂对我父亲虽曾一度向政府荐举他为"有治省才能的人"，他在政治上却并未得臻通显，历官江苏、台湾后，遂于台湾因中日战争的结果而割让与日本时，以五十五岁的寿辰逝世。

二

我是我父亲的幼儿，也是我母亲的独子。我父亲娶妻凡三次；前妻死于太平天国之乱，乱军掠遍安徽南部各县，将其化为灰烬。次娶生了三个儿子、四个女儿。

长子从小便证明是个难望洗心革面的败子。我父亲丧了次妻后，写信回家，说他一定要讨一个纯良强健的、做庄稼人家的女儿。

我外祖父务农，于年终几个月内兼业裁缝。他是出身于一个循善的农家，在太平天国之乱中，全家被杀。因他还只是一个小孩子，故被太平军掠做俘虏，带往军中当差。为要防他逃走，他的脸上就刺了"太平天国"四字，终其身都还留着，但是他吃了种种困苦，居然逃了出来，回到家乡，只寻得一片焦土，无一个家人还得活着。他勤苦工作，耕种田地，兼做裁缝，裁缝的手艺，是他在贼营里学来的。他渐渐长成，娶了一房妻子，生下四个儿女，我母亲就是最长的。

我外祖父一生的心愿就是想重建被太平军毁了的家传老屋。他每天早上，太阳未出，便到溪头去拣选三大担石子，分三次挑回废屋的地基。挑完之后，他才去种田或去做裁缝。到了晚上回家时，又去三次，挑了三担石子，才吃晚饭。凡此辛苦恒毅的工作，都给我母亲默默看在眼里，他暗恨身为女儿，毫无一点法子能减轻他父亲的辛苦，促他的梦想实现。

随后来了个媒人，在田里与我外祖父会见，雄辩滔滔地向他替我父亲要他大女儿的庚帖（按胡适《我的母亲的订婚》一章里面，用的是"八字"二字，英文系 birth date paper，故译庚贴似较贴切）。我外祖父答应回去和家里商量。但到他在晚上把所提的话对他的妻子说了，她就大生气。她说："不行！把我女儿嫁给一个大她三十岁的人，你真想得起？况且他的儿女也有年纪比我们女儿还大的！还有一层，人家自然要说我们嫁女儿给一个老官，是为了钱财体面而把她牺牲的。"于是这一对老夫妻吵了一场。后来做父亲的说："我们问问女儿自己。说来说去，这到底是她自己的事。"

　　到这个问题对我母亲提了出来，她不肯开口。中国女子遇到同类的情形常是这样的。但她心里却在深思沉想。嫁与中年丧偶、兼有成年儿女的人做填房，送给女家的聘金财礼比一般婚媾却要重得多，这点于她父亲盖房子的计划将大有帮助。况且她以前又是见过我父亲的，知道他为全县人所敬重。她爱慕他，愿意嫁他，为的半是英雄崇拜的意识，但大半却是想望帮助劳苦的父亲的孝思。所以到她给父亲逼着答话，她就坚决地说："只要你们俩都说他是好人，请你们俩作主。男人家四十七岁也不能算是老。"我外祖父听了，叹了一口气，我外祖母可气地跳起来，忿忿地说："好呵！你想做官太太了！好罢，听你情愿罢！"

三

　　我母亲于1889年结婚，时年十七，我则生在1891年12月。我父殁于1895年，留下我母亲二十三岁做了寡妇。我父弃世，我母便做了一个有许多成年儿女的大家庭的家长。中国做后母的地位是十分困难的。她的生活自此时起，自是一个长时间的含辛茹苦。

　　我母亲最大的禀赋就是容忍。中国史书记载唐朝有个皇帝垂询张公仪那位家长，问他家以什么道理能九世同居而不分离拆散。那位老人家因过于衰迈，难以口述，请准用笔写出回答。他就写了一百个"忍"字。中国道德家时常举出"百忍"的故事为家庭生活最好的例子，但他们似乎没有一个曾觉察到许多苦恼、倾轧、压迫和不平，使容忍成了一种必不可少的事情。

　　那班接脚媳妇凶恶不善的感情，利如锋刃的话语，含有敌意的嘴脸，我母亲事事都耐心容忍。她有时忍到不可再忍，这才早上不起床，柔声大哭，哭她早丧丈夫，她从不开罪她的媳妇，也不提开罪的那件事。但是这些眼泪，每次都有神秘莫测的效果。我总听得有一位嫂嫂的房门开了，和一个妇人的脚步声向厨房走去。不多一会儿，她转来敲我们房门了。她走进来捧着一碗热茶，送给我的母亲，劝她止哭，母亲接了茶碗，受了她不出声的认错。然后家里又太平清静得个把月。

　　我母亲虽则并不知书识字，却把她的全副希望放在我的教育上。我是一个早慧的小孩，不满三岁时，就已认了八百多字，都是我父亲每天用红笺方块教我的。我才满三岁零点，便在学堂里念书。我当时是个多病的小孩，没有搀扶，不能跨一个六英寸高的门槛。但我比学堂里所有别的学生都能读能记些。我从不跟着村中的孩子们一块儿玩。更因我缺少游戏，我五岁时就得了"先生"的绰号。十五年后，我在康奈耳大学做二年级时，也同是为了这个弱点，而被 Doc（Doctor 缩读，音与 Dog 同，故用作谐称。译者）的译名。

　　每天天还未亮时，我母亲便把我喊醒，叫我在床上坐起。她然后把对我父亲所知的一切告诉我。她说她望我踏上他的脚步，她一生只晓得他是最善良最伟大的人。

据她说，他是一个多么受人敬重的人，以致在他闲或休假回家的时期中，附近烟窟赌馆都改行停业。她对我说我惟有行为好，学业科考成功，才能使他们两老增光；又说她所受的种种苦楚，得以由我勤敏读书来酬偿。我往往眼睛半睁半闭的听。但她除遇有女客与我们同住在一个房间的时候外，罕有不施这番晨训的。

到天大明时，她才把我的衣服穿好，催我去上学。我年稍长，我总是第一个先到学堂，并且差不多每天早晨都是去敲先生的门要钥匙去开学堂的门。钥匙从门缝里递了出来。我隔一会儿就坐在我的座位上朗朗念书了。学堂里到薄暮才放学，届时每个学生都向朱印石刻的孔夫子大像和先生鞠躬回家。每日上课的时间平均是十二小时。

我母亲一面不许我有任何种类的儿童游戏，一面对于我建一座孔圣庙的孩子气的企图，却给我种种鼓励。我是从我同父异母的姊姊的长子，大我五岁的一个小孩那里学来的。他拿各种华丽的色纸扎了一座孔庙，使我心里羡慕。我用一个大纸匣子作为正殿，背后开了一个方洞，用一只小匣子糊上去，做了摆孔子牌位的内堂。外殿我供了孔子的各大贤徒，并贴了些小小的匾对，书着颂扬这位大圣人的字句，其中半系录自我外甥的庙里，半系自书中抄来。在这座玩具的庙前，频频有香炷燃着。我母亲对于我这番有孩子气的虔敬也觉得欢喜，暗信孔子的神灵一定有报应，使我成为一个有名的学者，并在科考中成为一个及第的士子。

我父亲是一个经学家，也是一个严守朱熹（1130年—1200年）的新儒教理学的人。他对于释道两教强烈反对。我还记得见我叔父家（那是我的开蒙学堂）的门上有一张日光晒淡了的字条，写着"僧道无缘"几个字。我后来才得知道这是我父亲所遗理学家规例的一部。但是我父亲业已去世，我那彬彬儒雅的叔父，又到皖北去做了一员小吏，而我的几位哥子则都在上海。剩在家里的妇女们，对于我父亲的理学遗规,没有什么拘束了。她们遵守敬奉祖宗的常礼,并随风俗时会所趋,而自由礼神拜佛。观音菩萨是她们所最爱的神,我母亲是为了出于焦虑我的健康福祉的念头,也做了观音的虔诚信士。我记得有一次她到山上观音阁里去进香,她虽缠足,缠足是苦了一生的,在整段的山路上,还是步行来回。

我在村塾(村中共有七所)里读书。读了九年(1895年—1904年)。在这个期间,我读习并记诵了下列几部书:

1.《孝经》:孔子后的一部经籍,作者不明。

2.《小学》:一部论新儒教道德学说的书,普通谓系宋哲朱熹所作。

3.《四书》:《论语》、《孟子》、《大学》、《中庸》。

4.《五经》中的四经:《诗经》、《尚书》、《易经》、《礼记》。

我母亲对于家用向来是节省的,而付我先生的学金,却坚要比平常要多三倍。平常学金两块银元一年,她首先便送六块钱,后又逐渐增加到十二元。由增加学金这一点小事情,我得到千百倍于上述数目比率所未能给的利益。因为那两元的学生,单单是高声朗读,用心记诵,先生从不劳神去对他讲解所记的字。独我为了有额外学金的缘故,得享受把功课中每字每句解给我听,就是将死板文字译作白话这项难得的权利。

我年还不满八岁,就能自己念书,由我二哥的提议,先生使我读《资治通鉴》。这部书,实在是大历史家司马光于1084年所辑编年式的中国通史。这番读史,使我发生很大的兴趣,我不久就从事把各朝代各帝王各年号编成有韵的歌诀,以资记忆。

随后有一天,我在叔父家里的废纸箱中,偶然看见一本《水浒传》的残本,便站在箱边把它看完了。我跑遍全村,不久居然得着全部。从此以后,我读尽了本村邻村所知的小说。这些小说都是用白话或口语写的,既易了解、又有引人入胜的趣味。它们教我人生,好的也教，坏的也教，又给了我一件文艺的工具，若干年后，使我能在中国开始民众所称为"文学革命"的运动。

其时，我的宗教生活经过一个特异的激变。我系生长在拜偶像的环境，习于诸神凶恶丑怪的面孔，和天堂地狱的民间传说。我十一岁时，一日，温习朱子的《小学》，这部书是我能背诵而不甚了解的。我念到这位理学家引司马光那位史家攻击天堂地狱的通俗信仰的话。这段话说："形既朽灭，神亦飘散，虽有剉烧舂磨，亦无所施。"这话好像说得很有道理，我对于死后审判的观念，就开始怀疑起来。

往后不久，我读司马光的《资治通鉴》，读到第一百三十六卷中有一段，使我成了一个无神论者。所说起的这一段，述纪元五世纪名范缜的一位哲学家，与朝众竞辩"神灭论"。朝廷当时是提倡大乘佛法的。范缜的见解，由司马光撮述为这几句话："形者神之质，神者形之用也。神之于形，犹利之于刃。未闻刀没而利存，岂容形灭而神在哉？"

这比司马光的形灭神散的见解——一种仍认有精神的理论——还更透彻有理。范缜根本否认精神为一种实体，谓其仅系神之用。这一番化繁为简合着我儿童的心胸。读到"朝野喧哗，难之，终不能屈"，更使我心悦。

同在那一段内，又引据范缜反对因果轮回说的事。他与竟陵王谈论，王对他说："君不信因果，何得有富贵贫贱？"范缜答道："人生如树花同发，随风而散；或拂帘幌，坠茵席之上；或关篱墙，落粪涵之中。堕茵席者，殿下是也；落粪涵者，下官是也。贵贱虽复殊途，因果竟在何处？"

因果之说，由印度传来，在中国人思想生活上已成了主要部分的少数最有力的观念之一。中国古代道德家，常以善有善报，恶有恶报为训。但在现实生活上并不真确。佛教的因果优于中国果报观念的地方，就是可以躲过这个问题，将其归之于前世来世不断的轮回。

但是范缜的比喻，引起了我幼稚的幻想，使我摆脱了恶梦似的因果绝对论，这是以偶然论来对定命论。而我以十一岁的儿童就取了偶然论而叛离了运命，我在那个儿童时代是没有牵强附会的推理的，仅仅是脾性的迎拒罢了。我是我父亲的儿子，司马光和范缜又得了我的心。仅此而已。

四

但是这一种心境的激变，在我早年不无可笑的结果，1903年的新年里，我到我住在二十四里外的大姊家去拜年。在她家住了几天，我和她的儿子回家，他是给我母亲拜年的。他家的一个长工替他挑着新年礼物。我们回到路上，经过一个亭子，供着几个奇形怪状的神像。我停下来对我外甥说："这里没有人看见，我们来把这几个菩萨抛到污泥坑里去罢。"我这带孩子气的毁坏神像主张，把我的同伴大大地吓住了。他们劝我走路，莫去惹那些本来已经濒于危境的神道。

这一天正是元宵灯节，我们到了家中，家里有许多客人，我的肚子已经饿了，开饭的时候，我外甥又劝我喝了一杯烧酒。酒在我的肚子里，便作怪起来。我不久便在院子里跑，喊月亮下来看灯。我母亲不悦，叫人来捉我。我在他们前头跑，酒力因我跑路，作用更起得快。我终被捉住，但还努力想挣脱。我母亲抱住我，不久便有许多人朝我们围拢来。

我心里害怕，便胡言乱道起来。于是我外甥家的长工走到我母亲身边，低低地说："外婆，我想他定是精神错乱了。恐怕是神道怪了他。今天下午我们路过三门亭，他提议要把几尊菩萨抛到污泥坑里去。一定是这番话弄出来的事。"我窃听了长工的话，忽然想出一条妙计。我喊叫得更凶，好像我就真是三门亭的一个神一样。我母亲于是便当空焚香祷告，说我年幼无知无咎，许下如果蒙神恕我小孩子的罪过，定到亭上去烧香还愿。

这时候，得报说龙灯来了，在我们屋里的人，都急忙跑去看，只剩下我和母亲两个人。一会儿我就睡着了。母亲许的愿，显然是灵应了。一个月后，我母亲和我上外婆家去，她叫我恭恭敬敬地在三门亭还我们许下的愿。

五

我年甫十三，即离家上路七日，以求"新教育"于上海。自这次别离后，我于十四年之中，只省候过我母亲三次，一总同她住了大约七个月。出自她对我伟大的爱忱，她送我出门，分明没有洒过一滴眼泪就让我在这广大的世界中，独自求我自己的教育和发展，所带着的，只是一个母亲的爱，一个读书的习惯，和一点点怀疑的倾向。

我在上海过了六年（1904年—1910年），在美国过了七年（1910年—1917年）。在我停留在上海的时期内，我经历过三个学校（无一个是教会学校），一个都没有毕业，我读了当时所谓的"新教育"的基本东西，以历史、地理、英文、数学，和一点零碎的自然科学为主。从故林纾及其他诸人的意译文字中，我初次认识一大批英国和欧洲的小说家，司各提（Scott），狄更司（Dickens），大小仲马（Dumas pereet fils）、嚣俄（Hugo），以及托尔斯泰（Tolstoy）等氏的都在内。我读了中国上古、中古几位非儒教和新儒教哲学家的著作，并喜欢墨翟的兼爱说与老子、庄子有自然色彩的哲学。

从当代力量最大的学者梁启超氏的通俗文字中，我渐得略知霍布士（Hobbes）、笛卡儿（Descartes）、卢梭（Rousseau）、边沁（Bentham）、康德（Kant）、达尔文（Darwin）等诸泰西思想家。梁氏是一个崇拜近代西方文明的人，连续发表了些文字，坦然承认中国人以一个民族而言，对于欧洲人所具有许多良好特性，感受缺乏；显著的是注重公共道德，国家思想，爱冒险，私人权利观念与热心防其被侵，爱自由，自治能力，结合的本事与组织的努力，注意身体的培养与健康等。就是这几篇文字猛力把我以我们古旧文明为自足，除战争的武器，商业转运的工具外，没有什么要向西方求学的这种安乐梦中，震醒出来。它们开了给我，也就好像开了给几千几百别的人一样，对于世界整个的新眼界。

我又读过严复所译穆勒（John Stuart Mill）的《自由论》（On Liberty）和赫胥黎（Huxley）的《天演论》（Evolution and Ethic）。严氏所译赫胥黎的论著，于1898年就出版，并立即得到知识阶级的接受。有钱的人拿钱出来翻印新版以广流传（当时并没有版权），因为有人以达尔文的言论，尤其是它在社会上与政治上的运用，对于一个感受惰性与儒滞日久的民族，乃是一个合宜的刺激。

数年之间，许多的进化名词在当时报章杂志的文字上，就成了口头禅。无数的人，都采来做自己的和儿辈的名号，由是提醒他们国家与个人在生存竞争中消灭的祸害。向尝一度闻名的陈炯明以"竞存"为号。我有两个同学名杨天择和孙竞存。

就是我自己的名字，对于中国以进化论为时尚，也是一个证据。我请我二哥替我起个学名的那天早晨，我还记得清楚。他只想了一刻,他就说，"'适者生存'中的'适'字怎么样？"我表同意；先用来做笔名，最后于1910年就用作我的名字。

六

我对于达尔文与斯宾塞两氏进化假说的一些知识，很容易的与几个中国古代思想家的自然学说连了起来。例如在道家伪书《列子》所述的下面这个故事中，发现二千年前有一个一样年轻，同抱一样信仰的人，使我的童心欢悦：

齐田氏祖于庭，食客千人。中坐有献鱼雁者，田氏视之，乃叹曰："天之于民厚矣！殖五谷，生鱼鸟以为之用。"众客和之如响。鲍氏之子，年十二，预于次，进曰："不如君言。天地万物，与我并生，类也。类无贵贱，徒以大小智力而相制，迭相食，非相为而生之。人取食者而食之，岂天本为人而生之？且蚊纳哈肤，虎狼食肉，岂天本为蚊的生人，虎狼生肉者哉？"

1906年，我在中国公学同学中，有几位办了一个定期刊物，名《竞业旬报》，——达尔文学说通行的又一例子——其主旨在以新思想灌输于未受教育的民众，系以白话刊行。我被邀在创刊号撰稿。一年之后，我独自做编辑。我编辑这个杂志的工作不但帮助我启发运用现行口语为一种文艺工具的才能，且以明白的话语及合理的次序，想出自我幼年就已具了形式的观念和思想。在我为这个杂志所著的许多论文内，我猛力攻击人民的迷信，且坦然主张毁弃神道，兼持无神论。

1908年，我家因营业失败，经济大感困难。我于十七岁上，就必需供给我自己读书，兼供养家中的母亲。我有一年多停学，教授初等英文，每日授课五小时，月得修金八十元。1910年，我教了几个月的国文。

那几年（1909年—1910年）是中国历史上的黑暗时代，也是我个人历史上的黑暗时代。革命在好几省内爆发，每次都归失败。中国公学原是革命活动的中心，我在那里的旧同学参加此等密谋的实繁有徒,丧失生命的为数也不少。这班政治犯有好些来到上海与我住在一起,我们都是意气消沉、厌世悲观的。我们喝酒,作悲观的诗词,日夜谈论,且往往作没有输赢的赌博。我们甚至还请了一个老伶工来教我们唱戏。有一天早上,我作了一首诗,中有这一句:"霜浓欺日淡!"

意气消沉与执劳任役驱使我们走入了种种的流浪放荡。有一个雨夜,我喝酒喝得大醉,在镇上与巡捕角斗,把我自己弄进监里去关了一夜。到我次晨回寓,在镜中看出我脸上的血痕,就记起李白饮酒歌中的这一句:"天生我才必有用。"(Some use might yet be made of this material born in me.)这一句一时也查不出原文。我决心脱离教书和我的这班朋友。下了一个月的苦功夫,我就前往北京投考用美国退还庚子赔款所设的学额。我考试及格,即于7月间放洋赴美。

七

我到美国,满怀悲观。但不久便交结了些朋友,对于那个国家和人民都很喜爱。美国人出自天真的乐观与朝气给了我很好的印象。在这个地方,似乎无一事一物不能由人类智力做得成的。我不能避免这种对于人生持有喜气的眼光的传染,数年之间,就渐渐治疗了我少年老成的态度。

我第一次去看足球比赛时,我坐在那里以哲学的态度看球赛时的粗暴及狂叫欢呼为乐。而这种狂叫欢呼在我看来,似乎是很不够大学生的尊严的。但是到竞争愈渐激烈,我也就开始领悟这种热心。随后我偶然回头望见白了头发的植物学教授劳理先生(Mr. W. W. Rowlee)诚心诚意地在欢呼狂叫,我觉得如是的自惭,以致我不久也就热心地陪着众人欢呼了。

就是在民国初年最黑暗的时期内,我还是想法子打起我的精神。在致一个华友的信里面,我说道:"除了你我自己灰心失意,以为无希望外,没有事情是无希望的。"在我的日记上,我记下些引录的句子,如引克洛浦(Clough)的这一句:"如果希望是麻醉物,恐惧就是作伪者。"又如我自己译自勃朗宁的这一节诗:

  从不转背而挺身向前,

  从不怀疑云要破裂,

  虽合理的弄糟,违理的占胜,

  而从不作迷梦的,

  相信我们沉而再升,败而再战,

  睡而再醒。

1914年1月,我写这一句在我的日记上:"我相信我自离开中国后,所学得的最大的事情,就是这种乐观的人生哲学了。"1915年,我以关于勃朗宁最优的论文得受柯生奖金。我论文的题目是《勃朗宁乐观主义辩》。我想来大半是我渐次改变了的人生观使我于替他辩护时,以一种诚信的意识来发言。

我系以在康奈耳大学做纽约农科学院的学生开始我的大学生涯。我的选择是根据了当时中国盛行的,谓中国学生须学点有用的技艺,文学、哲学是没有什么实用的这个信念。但是也有一个经济的动机。农科学院当时不收学费,我心想或许还能够把每月的月费省下一部来汇给我的母亲。

农场上的经验我一点都不曾有过,并且我的心也不在农业上。一年级的英国文学及德文课程,较之农场实习和养果学,反使我感觉兴趣。踌躇观望了一年又半,我最后转入文理学院,一次缴纳四个学期的学费,就是使我受八个月困境的处分。但是我对于我的新学科觉得更为自然,从不懊悔这番改变。

有一科《欧洲哲学史》——归故克莱顿教授那位恩师主持,

——领导我以哲学做了主科。我对于英国文学与政治学也深有兴趣。康奈耳的哲学院是唯心论的重镇。在其领导之下，我读了古代近代古典派哲学家比较重要的著作，我也读过晚近唯心论者如布拉特莱、鲍森模等的作品，但是他们提出的问题从未引起我的兴趣。

1915年，我往哥林比亚大学，就学于杜威教授，直至1917年我回国之时为止。得着杜威的鼓励，我著成我的论文《先秦名学史》这篇论文，使我把中国古代哲学著作重读一遍，并立下我对于中国思想史的一切研究的基础。

八

我留美的七年间，我有许多课外的活动，影响我的生命和思想，说不定也与我的大学课业一样。当意气颓唐的时候，我对于基督教大感兴趣，且差不多把《圣经》读完。1911年夏，我出席于在宾雪凡尼亚普柯诺派恩司举行的中国基督教学生会的大会做来宾时，我几乎打定主意做了基督徒。

但是我渐渐地与基督教脱离，虽则我对于其发达的历史曾多有习读，因为有好久时光我是一个信仰无抵抗主义的信徒。耶稣降生前五百年，中国哲学家老子曾传授过上善若水，水善应万物而不争。我早年接收老子的这个教训，使我大大地爱着《登山宝训》。

1914年，世界大战爆发，我深为比利时的命运所动，而成了一个确定的无抵抗者。我在康奈耳大同俱乐部住了三年，结交了许多各种国籍的热心朋友。受着像那士密氏和麦慈那样唯心的平和论者的影响，我自己也成了一个热心的平和论者。大学废军联盟因维腊特的提议而成立于1915年，我是其创办人之一。

到后来，各国际政体俱乐部成立，我在那士密氏和安格尔的领导之下，做了一个最活动的会员，且曾参加过其起首两届的年会。1916 年，我以我的论文《国际关系中有代替武力的吗？》得受国际政体俱乐部的奖金。在这篇论文里，我阐明依据以法律为有组织的武力建立一个国际联盟的哲理。

我的平和主义与国际大同主义往往使我陷入十分麻烦的地位。日本由攻击德国在山东的领土以加入世界大战时，向世界宣布说，这些领土"终将归还中国"。我是留美华人中唯一相信这个宣言的人，并以文字辩驳说，日本于其所言，说不定是意在必行的。关于这一层，我为许多同辈的学生所嘲笑。及 1915 年日本提出有名的对华二十一条件，留美学生，人人都赞成立即与日本开战。我写了一封公开的信给《中国留美学生月报》，劝告处之以温和，持之以冷静。我为这封信受了各方面的严厉攻击，屡被斥为卖国贼。战争是因中国接受一部分要求而得避免了，但德国在华领土则直至七年之后才交还中国。

我读易卜生、莫黎和赫胥黎诸氏的著作，教我思考诚实与发言诚实的重要。我读过易卜生所有的戏剧，特别爱看《人民之敌》、莫黎的《论妥协》，先由我的好友威廉思女士介绍给我，她是一直做了左右我生命最重要的精神力量。莫黎曾教我："一种主义，如果健全的话，是代表一种较大的便宜的。为了一时似是而非的便宜而将其放弃，乃是为小善而牺牲大善。疲弊时代，剥夺高贵的行为和向上的品格，再没有什么有这样拿得定的了。"

赫胥黎还更进一步教授一种理知诚实的方法。他单单是说："拿也如同可以证明我相信别的东西为合理的那种种证据来，那么我就相信人的不朽了。向我说类比和或能是说无用的。我说我相信倒转平方律时，我是知道我意何所指的，我必不把我的生命和希望放在较弱的信证上。"赫胥黎也曾说过："一个人生命中最神圣的举动，就是说出并感觉得我相信某项某项是真的。生在世上一切最大的赏，一切最重要的罚，都是系在这个举动上。"

人生最神圣的责任是努力思想得好，我就是从杜威教授学来的。或思想得不精，或思想而不严格地到它的前因后果，接受现成的整块的概念以为思想的前提，而于不知不觉间受其个人的影响，或多把个人的观念由造成结果而加以测验，在理知上都是没有责任心的。真理的一切最大的发现，历史上一切最大的灾祸，都有赖于此。

杜威给了我们一种思想的哲学，以思想为一种艺术，为一种技术。在《思维术》和《实验逻辑论文集》里面，他制出这项技术。我察中不但于实验科学上的发明为然，即于历史科学上最佳的探讨，内容的详定，文字的改造，及高等的批评等也是如此。在这种种境域内，曾由同是这个技术而得到最佳的结果。这个技术主体上是具有大胆提出假设，加上诚恳留意于制裁与证实。这个实验的思想技术，堪当创造的智力这个名称，因其在运用想象机智以寻求证据，做成实验上，和在自思想有成就的结实所发出满意的结果上，实实在在是有创造性的。

奇怪之极，这种功利主义的逻辑竟使我变成了一个做历史探讨工作的人。我曾用进化的方法去思想，而这种有进化性思想习惯，就做了我此后在思想史及文学工作上的成功之钥。尤更奇怪的，这个历史的思想方法并没有使我成为一个守旧的人，而时常是进步的人。例如，我在中国对于文学革命的辩论，全是根据无可否认的历史进化的事实，且一向都非我的对方所能答复得来的。

九

我母亲于1918年逝世。她的逝世，就是引导我把我在这广大世界中摸索了十四年多些的信条第一次列成条文的时机。这个信条系于1919年发表在以《不朽》为题的一篇文章里面。

因有找在幼童时期读书得来的学识，我早就已摒弃了个人死后生存的观念了。好多年来，我都是以一种"三不朽"的古说为满意，这种古说我是在《春秋左氏传》里面找出来的。传记里载贤臣叔孙豹于纪元前548年谓有立德、立功、立言三不朽。此三者"虽久不忘，此之谓不朽"。这种学说引动我心有如是之甚，以致我每每向我的外国朋友谈起，并给了它一个名字，叫做"三W的不朽主义"（三W即worth, work, words三字的头一个字母）。

我母亲的逝世使我从新想到这个问题，我就开始觉得三不朽的学说有修正的必要。第一层，其弱点在太过概括一切。在这个世界上，有多少人其在德行功绩言语上的成就，其哲理上的智慧能久久不忘的呢？例如哥伦布是可以不朽了，但是他那些别的水手怎样呢？那些替他造船或供给他用具的人，那许多或由作有勇敢的思考，或由在海洋中作有成无成的探险，替他铺下道路的前导又怎样呢？简括地说，一个人应有多大的成就，才可以得不朽呢？

次一层，这个学说对于人类的行为没有消极的裁制。美德固是不朽的了，但是恶德又怎样呢？我们还要再去借重审判日或地狱之火吗？

我母亲的活动从未超出家庭间琐屑细事之外，但是她的左右力，能清清楚楚地从来吊祭她的男男女女的脸上看得出来。我检阅我已死的母亲的生平，我追忆我父亲个人对她毕生左右的力量，及其对我本身垂久的影响，我遂诚信一切事物都是不朽的。我们所做的一切什么人，我们所干的一切什么事，我们所讲的一切什么话，从在世界上某个地方自有其影响这个意义看来，都是不朽的。这个影响又将依次在别个地方有其效果，而此事又将继续入于无限的空间与时间。

正如列勃涅慈有一次所说："人人都感觉到在宇宙中所经历的一切，以及那目睹一切的人，可以从经历其他各处的事物，甚至曾经并将识别现在的事物中，解释出在时间与空间上已被移动的事物。我们是看不见一切的，但一切事物都在那里，达到无穷境无穷期。"一个人就是他所吃的东西，所以达柯塔的务农者，加利芳尼亚的种果者，以及千百万别的粮食供给者的工作，都是生活在他的身上。一个人就是他所想的东西，所以凡曾于他有所左右的人——自苏格拉底、柏拉图、孔子，以至于他本区教会的牧师和抚育保姆——都是生活在他的身上。一个人也就是他所享乐的东西，所以无数美术家和以技取悦的人，无论现尚生存或久已物故，有名无名，崇高粗俗，都是生活在他的身上。诸如此类，以至于无穷。

一千四百年前，有一个人写了一篇论"神灭"的文章，被认为亵渎神圣，有如是之甚，以致其君皇敕七十个大儒来相驳难，竟给其驳倒。但是五百年后，有一位史家把这篇文章在他的伟大的史籍中纪了一个撮要。又过了九百年，然后有一个十一岁的小孩偶然碰到这个三十五个字的简单撮要，而这三十五个字，于埋没了一千四百年之后，突然活了起来而生活于他的身上，更由他而生活于几千几百个男男女女的身上。

1912年，我的母校来了一位英国讲师，发表一篇演说，《论中国建立共和的不可能》。他的演讲当时我觉得很为不通，但是我以他对于母音o的特异的发音方法为有趣，我就坐在那里模拟以自娱。他的演说久已忘记了，但是他对于母音的发音方法，这些年来却总与我不离，说不定现在还在我的几千百个学生的口上，而从没有觉察到是由于我对于布兰特先生的恶作剧的模仿，而布兰特先生也是从不知道的。

两千五百年前，喜马拉雅山的一个山峡里死了一个乞丐。他的尸体在路旁已在腐溃了，来了一个少年王子，看见这个怕人的景象，就从事思考起来。他想到人生及其他一切事物的无常，遂决心脱离家庭，前往旷野中去想出一个自救以救人类的方法。多年后，他从旷野里出来，做了释迦佛，而向世界宣布他所找出的拯救的方法。这样，甚至一个死丐尸体的腐溃，对于创立世界上一个最大的宗教，也曾不知不觉地贡献了其一部分。

　　这一个推想的线索引导我信了可以称为社会不朽的宗教，因为这个推想在大体上全系根据于社会对我的影响，日积月累而成小我，小我对于其本身是些什么，对于可以称社会、人类或大自然的那个大我有些什么施为，都留有一个抹不去的痕记这番意思。小我是会要死的，但是他还是继续存活在这个大我身上。这个大我乃是不朽的，他的一切善恶功罪，他的一切言行思想，无论是显著的或细微的，对的或不对的，有好处或有坏处——样样都是生存在其对于大我所产生的影响上。这个大我永远生存，做了无数小我胜利或失败的垂久宏大的佐证。

　　这个社会不朽的概念之所以比中国古代三不朽学说更为满意，就在于包括英雄圣贤，也包括贱者微者，包括美德，也包括恶德，包括功德，也包括罪孽。就是这项承认善的不朽，也承认恶的不朽，才构成这种学说道德上的许可。一个死尸的腐烂可以创立一个宗教，但也可以为患全个大陆。一个酒店侍女偶发一个议论，可以使一个波斯僧侣豁然大悟，但是一个错误的政治或社会改造议论，却可以引起几百年的杀人流血。发现一个极微的杆菌，可以福利几千百万人，但是一个害痨的人吐出的一小点痰涎，也可以害死大批的人，害死几世几代。

　　人所做的恶事，的确是在他们身后还存在的！就是明白承认行为的结果才构成我们道德责任的意识。小我对于较大的社会的我负有巨大的债项,把他干的什么事情,做的什么思想,做的什么人物,概行对之负起责任,乃是他的职分。人类之为现在的人类,固是由我们祖先的智行愚行所造而成,但是到我们做完了我们分内时,我们又将由人类将成为怎么样而受裁判了。我们要说,"我们之后是大灾大厄"吗?抑或要说,"我们之后是幸福无疆"吗?

十

1923年,我又得了一个时机把我的信条列成更普通的条文。地质学家丁文江氏所著,在我所主编的一个周报上发表,论《科学与人生观》的一篇文章,开始了一场用差不多延持了一个足年的长期论战。在中国凡有点地位的思想家,全都曾参与其事。到1923年终,由某个善经营的出版家把这论战的文章收集起来,字数竟达二十五万。我被请为这个集子作序。我的序言给这本已卷帙繁重的文集又加了一万字,而以我所拟议的"新宇宙观和新人生观的轮廓"为结论,不过有些含有敌意的基督教会,却以恶作剧的口吻,称其为"胡适的新十诫",我现在为其自有其价值而选译出来:

(1) 根据于天文学和物理学的知识,叫人知道空间的无限之大。

(2) 根据于地质学及古生物学的知识,叫人知道时间的无穷之长。

(3) 根据于一切科学,叫人知道宇宙及其中万物的运行变迁皆是自然的,——自己如此的,——正用不着什么超自然的主宰或造物者。

(4) 根据于生物学的科学知识,叫人知道生物界的生存竞争的浪费与残酷,——因此叫人更可以明白那"有好生之德"的主宰的假设是不能成立的。

（5）根据于生物学、生理学、心理学的知识，叫人知道人不过是动物的一种；他和别种动物只有程序的差异，并无种类的区别。

（6）根据于生物的科学及人类学、人种学、社会学的知识，叫人知道生物及人类社会演进的历史和演进的原因。

（7）根据于生物的及心理的科学，叫人知道一切心理的现象都是有因的。

（8）根据于生物学及社会学的知识，叫人知道道德礼教是变迁的，而变迁的原因都是可以用科学的方法寻求出来的。

（9）则根据于新的物理化学的知识，叫人知道物质不是死的，是活的；不是静的，是动的。

（10）根据于生物学及社会学的知识，叫人知道个人——"小我"——是要死灭的，而人类——"大我"——是不死的，不朽的；叫人知道"为全种万世而生活"就是宗教，就是最高的宗教。而那些替个人谋死后的"天堂"、"净土"的宗教，乃是自私自利的宗教。

我结论道：

这种新人生观是建筑在二三百年的科学常识之上的一个大假设，我们也许可以给他加上"科学的人生观"的尊号。但为避免无谓的争论起见，我主张叫他做"自然主义的人生观"。

我们在那个自然的宇宙里，在那无穷之大的空间里，在那无穷之长的时间里，这个平均高五尺六寸，上寿不过百年的两手动物——人——真是一个藐乎其小的微生物了。在那个自然法则的宇宙里，天行是有常度的，物变是有自然法则的，因果的大法支配着他——人——的一切生活，生存竞争的惨剧鞭策着他的一切行为，——这个两手动物的自由真是很有限的了。

然而那个自然主义的宇宙里的这个渺小的两手动物，却也有他的相当的地位和相当的价值。他用的两手和一个大脑，居然能做出许多器具，想出许多方法，造成一点文化。他不但驯伏了许多禽兽，他还能考究宇宙间的自然法则，利用这些法则来驾驭天行，到现在他居然能叫电气给他赶车，以太给他送信了。

他的智慧的长进就是他的能力的增加。然而智慧的长进却又使他的胸襟扩大，想象力提高。他也曾拜物拜畜生，也曾怕神怕鬼，但他现在渐渐地脱离了这种种幼稚的时期，他现在渐渐明白：空间之大只增加他对于宇宙的美感；时间之长只使他格外明了祖宗创业之艰难；天行之有常只增加他制裁自然界的能力。

甚至于因果律之笼罩一切，也并不见得束缚他的自由。因为因果律的作用，一方面使他可以由因求果，由果推因，解释过去，预测未来；一方面又使他可以运用他的智慧，创造新因，以求新果。甚至于生存竞争的观念也并不见得就使他成为一个冷酷无情的畜生，也许还可以格外增加他对于同类的同情心，格外使他深信互助的重要，格外使他注重人为的努力，以减免天然竞争的残酷与浪费。总而言之，这个自然主义的人生观里，未尝没有美，未尝没有诗意，未尝没有道德的责任，未尝没有充分运用创造的智慧的机会。

不 朽
——我的宗教

不朽有种种说法，但是总括看来，只有两种说法是真有区别的。一种是把"不朽"解作灵魂不灭的意思。一种就是《春秋左传》上说的"三不朽"。

（一）神不灭论。宗教家往往说灵魂不灭，死后须受末日的裁判：做好事的享受天国天堂的快乐，做恶事的要受地狱的苦痛。这种说法，几千年来不但受了无数愚夫愚妇的迷信，居然还受了许多学者的信仰。但是古今来也有许多学者对于灵魂是否可离形体而存在的问题，不能不发生疑问。最重要的如南北朝人范缜的《神灭论》说："形者神之质，神者形之用。……神之于质，犹利之于刀；形之于用，犹刀之于利。……舍利无刀，舍刀无利。未闻刀没而利存，岂容形亡而神在？"宋朝的司马光也说："形既朽灭，神亦飘散，虽有剉烧舂磨，亦无所施。"但是司马光说的"形既朽灭，神亦飘散"，还不免把形与神看作两件事，不如范缜说的更透彻。范缜说人的神灵即是形体的作用，形体便是神灵的形质。正如刀子是形质，刀子的利钝是作用；有刀子方才有利钝，没有刀子便没有利钝。人有形体方才有作用：这个作用，我们叫做"灵魂"。若没有形体，便没有作用了，便没有灵魂了。范缜这篇《神灭论》出来的时候，惹起了无数人的反对。梁武帝叫了七十几个名士作论驳他，都没有什么真有价值的论议。其中只有沈约的《难神灭论》说:"利若遍施四方,则利体无处复立;利之为用正存一边毫毛处耳。神之与形,举体若合,又安得同乎?若以此譬为尽耶,则不尽;若谓本不尽耶,则不可以为譬也。"这一段是说刀是无机体,人是有机体,故不能彼此相比。这话固然有理,但终不能推翻"神者形之用"的议论。近世唯物派的学者也说人的灵魂并不是什么无形体,独立存在的物事,不过是神经作用的总名;灵魂的种种作用都即是脑部各部分的机能作用;若有某部被损伤,某种作用即时废止;人年幼时脑部不曾完全发达,神灵作用也不能完全,老年人脑部渐渐衰耗,神灵作用也渐渐衰耗。这种议论的大旨,与范缜所说"神者形之用"正相同。但是有许多人总舍不得把灵魂打消了,所以咬住说灵魂另是一种神秘玄妙的物事,并不是神经的作用。这个"神秘玄妙"的物事究竟是什么,他们也说不出来,只觉得总应该有这么一件物事。既是"神秘玄妙",自然不能用科学试验来证明他,也不能用科学试验来驳倒他。既然如此,我们只好用实验主义(Pragmatism)的方法,看这种学说的实际效果如何,以为评判的标准。依此标准看来,信神不灭论的固然也有好人,信神灭论的也未必全是坏人。即如司马光、范缜、赫胥黎一类的人,说不信灵魂不灭的话,何尝没有高尚的道德?更进一层说,有些人因为迷信天堂、天国、地狱、末日裁判,方才修德行善,这种修行全是自私自利的,也算不得真正道德。总而言之,灵魂灭不灭的问题,于人生行为上实在没有什么重大影响;既没有实际的影响,检直可说是不成问题了。

（二）三不朽说。《左传》说的三种不朽是:1. 立德的不朽。2. 立功的不朽。3. 立言的不朽。"德"便是个人人格的价值,像墨翟、耶稣一类的人,一生刻意孤行,精诚勇猛,使当时的人敬爱信仰,使千百年后的人想念崇拜。这便是立德的不朽。"功"便是事业，像哥伦布发现美洲，像华盛顿造成美洲共和国，替当时的人开一新天地，替历史开一新纪元，替天下后世的人种下无量幸福的种子。这便是立功的不朽。"言"便是语言著作，像那《诗经》三百篇的许多无名诗人，又像陶潜、杜甫、莎士比亚、易卜生一类的文学家，又像柏拉图、卢梭、弥儿一类的文学家，又像牛顿、达尔文一类的科学家，或是做了几首好诗使千百年后的人欢喜感叹；或是做了几本好戏使当时的人鼓舞感动，使后世的人发愤兴起；或是创出一种新哲学，或是发明了一种新学说，或在当时发生思想的革命，或在后世影响无穷。这便是立言的不朽。总而言之，这种不朽说，不问人死后灵魂能不能存在，只问他的人格，他的事业，他的著作有没有永远存在的价值。即如基督教徒说耶稣是上帝的儿子，他的神灵永永存在，我们正不用驳这种无凭据的神话，只说耶稣的人格、事业和教训都可以不朽，又何必说那些无谓的神话呢？又如孔教会的人每到了孔丘的生日，一定要举行祭孔的典礼，还有些人学那"朝山进香"的法子，要赶到曲阜孔林去对孔丘的神灵表示敬意！其实孔丘的不朽全在他的人格与教训，不在他那"在天之灵"。大总统多行两次丁祭，孔教会多行两次"朝山进香"，就可以使孔丘格外不朽了吗？更进一步说，像那《三百篇》里的诗人，也没有姓名，也没有事实，但是他们都可说是立言的不朽。为什么呢？因为不朽全靠一个人的真价值，并不靠姓名事实的流传，也不靠灵魂的存在。试看古今来的多少大发明家，那发明火的，发明养蚕的，发明缫丝的，发明织布的，发明水车的，发明舂米的水碓的，发明规矩的，发明秤的……虽然姓名不传，事实湮没，但他们的功业永远存在，他们也就都不朽了。这种不朽比那个人的小小灵魂的存在，可不是更可宝贵，更可羡慕吗？况且那灵魂的有无还在不可知之中，这三种不朽——德、功、言，——可是实在的。这三种不朽可不是比那灵魂的不灭更靠得住吗？

以上两种不朽论，依我个人看来，不消说得，那"三不朽说"是比那"神不灭说"好得多了。但是那"三不朽说"还有三层缺点，不可不知。第一，照平常的解说看来，那些真能不朽的人只不过那极少数有道德，有功业，有著述的人。还有那无量平常人难道就没有不朽的希望吗？世界上能有几个墨翟、耶稣，几个哥伦布、华盛顿，几个杜甫、陶潜，几个牛顿、达尔文呢？这岂不成了一种"寡头"的不朽论吗？第二，这种不朽论单从积极一方面着想，但没有消极的裁制。那种灵魂的不朽论既说有天国的快乐，又说有地狱的苦楚，是积极消极两方面都顾着的。如今单说立德可以不朽，不立德又怎样呢？立功可以不朽，有罪恶又怎样呢？第三，这种不朽论所说的"德、功、言"三件，范围都很含糊。究竟怎样的人格方才可算是"德"呢？怎样的事业方才可算是"功"呢？怎样的著作方才可算是"言"呢？我且举一个例。哥伦布发现美洲固然可算得立了不朽之功，但是他船上的水手火头又怎样呢？他那只船的造船工人又怎样呢？他船上用的罗盘器械的制造工人又怎样呢？他所读的书的著作者又怎样呢？……举这一条例，已可见"三不朽"的界限含糊不清了。

因为要补足这三层缺点，所以我想提出第三种不朽论来请大家讨论。我一时想不起别的好名字，姑且称他作"社会的不朽论"。

（三）社会的不朽论。社会的生命，无论是看纵剖面，是看横截面，都像一种有机的组织。从纵剖面看来，社会的历史是不断的；前人影响后人，后人又影响更后人；没有我们的祖宗和那无数的古人，又哪里有今日的我和你？没有今日的我和你，又哪里有将来的后人？没有那无量数的个人，便没有历史，但是没有历史，那无数的个人也决不是那个样子的个人：总而言之，个人造成历史，历史造成个人。从横截面看来，社会的生活是交互影响的：个人造成社会，社会造成个人；社会的生活全靠个人分工合作的生活，但个人的生活，无论如何不同，都脱不了社会的影响；若没有那样这样的社会，决不会有这样那样的我和你；若没有无数的我和你，社会也决不是这个样子。来勃尼慈（Leibnitz）说得好：

　　这个世界乃是一片大充实（plenum，为真空 vacuum 之对），其中一切物质都是接连着的。一个大充实里面有一点变动，全部的物质都要受影响，影响的程度与物体距离的远近成正比例。世界也是如此。每一个人不但直接受他身边亲近的人的影响，并且间接又间接的受距离很远的人的影响。所以世间的交互影响，无论距离远近，都受得着的。所以世界上的人，每人受着全世界一切动作的影响。如果他有周知万物的智慧，他可以在每人的身上看出世间一切施为，无论过去未来都可看得出，在这一个现在里面便有无穷时间空间的影子。

　　从这个交互影响的社会观和世界观上面，便生出我所说的"社会的不朽论"来。我这"社会的不朽论"的大旨是：

　　我这个"小我"不是独立存在的，是和无量数小我有直接或间接的交互关系的；是和社会的全体和世界的全体都有互为影响的关系的；是和社会世界的过去和未来都有因果关系的。种种从前的因，种种现在无数"小我"和无数他种势力所造成的因，都成了我这个"小我"的一部分。我这个"小我"，加上了种种从前的因，又加上了种种现在的因，传递下去，又要造成无数将来的"小我"。这种种过去的"小我"，和种种现在的"小我"，和种种将来无穷的"小我"，一代传一代，一点加一滴；一线相传，连绵不断；一水奔流，滔滔不绝：——这便是一个"大我"。"小我"是会消灭的，"大我"是永远不灭的。"小我"是有死的，"大我"是永远不死，永远不朽的。"小我"虽然会死，但是每一个"小我"的一切作为、一切功德罪恶、一切语言行事，无论大小，无论是非，无论善恶，——都永远留存在那个"大我"之中。那个"大我"，便是古往今来一切"小我"的纪功碑、彰善祠、罪状判决书，孝子慈孙百世不能改的恶谥法。这个"大我"是永远不朽的，故一切"小我"的事业，人格，一举一动，一言一笑，一个念头，一场功劳，一桩罪过，也都永远不朽。这便是社会的不朽，"大我"的不朽。

那边"一座低低的土墙，遮着一个弹三弦的人"。那三弦的声浪，在空间起了无数波澜；那被冲动的空气质点，直接间接冲动无数旁的空气质点；这种波澜，由近而远，至于无穷空间；由现在而将来，由此刹那以至于无量刹那，至于无穷时间：——这已是不灭不朽了。那时间，那"低低的土墙"外边来了一位诗人，听见那三弦的声音，忽然起了一个念头；由这一个念头，就成了一首好诗；这首好诗传诵了许多人；人读了这诗，各起种种念头；由这种种念头，更发生无量数的念头，更发生无数的动作，以至于无穷。然而那"低低的土墙"里面那个弹三弦的人又如何知道他所发生的影响呢？

一个生肺病的人在路上偶然吐了一口痰。那口痰被太阳晒干了，化为微尘，被风吹起空中，东西飘散，渐吹渐远，至于无穷时间，至于无穷空间。偶然一部分的病菌被体弱的人呼吸进去，便发生肺病，由他一身传染一家，更由一家传染无数人家。如此辗转传染，至于无穷空间，至于无穷时间。然而那先前吐痰的人的骨头早已腐烂了，他又如何知道他所种的恶果呢？

一千五六百年前有一个人叫做范缜说了几句话道："神之于形，犹利之于刀；未闻刀没而利存，岂容形亡而神在？"这几句话在当时受了无数人的攻击。到了宋朝有个司马光把这几句话记在他的《资治通鉴》里。一千五六百年之后，有一个十一岁的小孩子，——就是我，——看《通鉴》到这几句话，心里受了一大感动，后来便影响了他半生的思想行事。然而那说话的范缜早已死了一千五百年了！

二千六七百年前，在印度地方有一个穷人病死了，没人收尸，尸首暴露在路上，已腐烂了。那边来了一辆车，车上坐着一个王太子，看见了这个腐烂发臭的死人，心中起了一念；由这一念，辗转发生无数念。后来那位王太子把王位也抛了，富贵也抛了，父母妻子也抛了，独自去寻思一个解脱生老病死的方法。后来这位王子便成了一个教主，创了一种哲学的宗教，感化了无数人。他的影响势力至今还在；将来即使他的宗教全灭了，他的影响势力终久还存在，以至于无穷。这可是那腐烂发臭的路毙所曾梦想到的吗？

以上不过是略举几件事，说明上文说的"社会的不朽"，"大我的不朽"。这种不朽论，总而言之，只是说个人的一切功德罪恶，一切言语行事，无论大小好坏，一一都留下一些影响在那个"大我"之中，一一都与这永远不朽的"大我"一同永远不朽。

上文我批评那"三不朽论"的三层缺点：1. 只限于极少数的人。2. 没有消极的裁制。3. 所说"功、德、言"的范围太含糊了。如今所说"社会的不朽"，其实只是把那"三不朽论"的范围更推广了。既然不论事业功德的大小，一切都可不朽，那第一第三两层短处都没有了。冠绝古今的道德功业固可以不朽，那极平常的"庸言庸行"，油盐柴米的琐屑，愚夫愚妇的细事，一言一笑的微细，也都永远不朽。那发现美洲的哥伦布固可以不朽，那些和他同行的水手火头、造船的工人、造罗盘器械的工人、供给他粮食衣服银钱的人、他所读的书的著作家、生他的父母、生他父母的父母祖宗，以及生育训练那些工人商人的父母祖宗，以及他以前和同时的社会……都永远不朽。社会是有机的组织，那英雄伟人可以不朽，那挑水的、烧饭的，甚至于浴堂里替你擦背的，甚至于每天替你家掏粪倒马桶的，也都永远不朽。至于那第二层缺点，也可免去。如今说立德不朽，行恶也不朽；立功不朽，犯罪也不朽；"流芳百世"不朽，"遗臭万年"也不朽；功德盖世固是不朽的善因，吐一口痰也有不朽的恶果。我的朋友李守常先生说得好："稍一失脚，必致遗留层层罪恶种子于未来无量的人，——即未来无量的我，——永不能消除，永不能忏悔。"这就是消极的裁制了。

中国儒家的宗教提出一个父母的观念，和一个祖先的观念，来做人生一切行为的裁制力。所以说，"一出言而不敢忘父母，一举足而不敢忘父母"。父母死后，又用丧礼祭礼等等见神见鬼的方法，时刻提醒这种人生行为的裁制力。所以又说，"斋明盛服，以承祭祀，洋洋乎如在其上，如在其左右"。又说，"斋三日，则见其所为斋者；祭之日，入室，悠然必有见乎其位；周还出户，肃然必有闻乎其容声；出户而听，忾然必有闻乎其叹息之声"。这都是"神道设教"，见神见鬼的手段。这种宗教的手段在今日是不中用了。还有那种"默示"的宗教，神权的宗教，崇拜偶像的宗教，在我们心里也不能发生效力，不能裁制我们一生的行为。以我个人看来，这种"社会的不朽"观念很可以做我的宗教了。我的宗教的教旨是：

我这个现在的"小我"，对于那永远不朽的"大我"的无穷过去，须负重大的责任；对于那永远不朽的"大我"的无穷未来，也须负重大的责任。我须要时时想着，我应该如何努力利用现在的"小我"，方才可以不辜负了那"大我"的无穷过去，方才可以不遗害那"大我"的无穷未来？

跋

这篇文章的主意是民国七年年底当我的母亲丧事里想到的。那时只写成一部分，到八年二月十九日方才写定付印。后来俞颂华先生在报纸上指出我论社会是有机体一段很有语病，我觉得他的批评很有理，故九年二月间我用英文发表这篇文章时，我就把那一段完全改过了。十年五月，又改定中文原稿，并记作文与修改的缘起于此。

介绍我自己的思想
——《胡适文选》自序

我在这十年之中,出版了三集《胡适文存》,约计有一百四五十万字。我希望少年学生能读我的书,故用报纸印刷,要使定价不贵。但现在三集的书价已在七元以上,贫寒的中学生已无力全买了。字数近百五十万,也不是中学生能全读的了。所以我现在从这三集里选出了二十二篇论文,印作一册,预备给国内的少年朋友们作一种课外读物。如有学校教师愿意选我的文字作课本的,我也希望他们用这个选本。

我选的这二十二篇文字,可以分作五组。

第一组六篇,泛论思想的方法。

第二组三篇,论人生观。

第三组三篇,论中西文化。

第四组六篇,代表我对于中国文学的见解。

第五组四篇,代表我对于整理国故问题的态度与方法。

为读者的便利起见,我现在给每一组作一个简短的提要,使我的少年朋友们容易明白我的思想的路径。

一

第一组收的文字是:

《演化论与存疑主义》、《杜威先生与中国》、《杜威论思想》、《问题与主义》、《新生活》、《新思潮的意义》

我的思想受两个人的影响最大：一个是赫胥黎，一个是杜威先生。

赫胥黎教我怎样怀疑，教我不信任一切没有充分证据的东西。杜威先生教我怎样思想，教我处处顾到当前的问题，教我把一切学说理想都看作待证的假设，教我处处顾到思想的结果。这两个人使我明了科学方法的性质与功用，故我选前三篇介绍这两位大师给我的少年朋友们。

从前陈独秀先生曾说实验主义和辩证法的唯物史观是近代两个最重要的思想方法，他希望这两种方法能合作一条联合战线。这个希望是错误的。辩证法出于黑格尔的哲学，是生物进化论成立以前的玄学方法。实验主义是生物进化论出世以后的科学方法。这两种方法所以根本不相容，只是因为中间隔了一层达尔文主义。达尔文的生物演化学说给了我们一个大教训：就是教我们明了生物进化，无论是自然的演变，或是人为的选择，都由于一点一滴的变异，所以是一种很复杂的现象，决没有一个简单的目的地可以一步跳到，更不会有一步跳到之后可以一成不变。辩证法的哲学本来也是生物学发达以前的一种进化理论；依他本身的理论，这个一正一反相毁相成的阶段应该永远不断地呈现。但狭义的共产主义者却似乎忘了这个原则，所以武断地虚悬一个共产共有的理想境界，以为可以用阶级斗争的方法一蹴即到，既到之后又可以用一阶级专政方法把持不变。这样的化复杂为简单，这样的根本否定演变的继续便是十足的达尔文以前的武断思想，比那顽固的黑格尔更顽固了。

实验主义从达尔文主义出发，故只能承认一点一滴的不断的改进是真实可靠的进化。我在《问题与主义》和《新思潮的意义》

两篇里，只发挥这个根本观念。我认定民国六年以后的新文化运动的目的是再造中国文明，而再造文明的途径全靠研究一个个的具体问题。我说：

文明不是笼统造成的，是一点一滴地造成的。进化不是一晚上笼统进化的，是一点一滴地进化的。现今的人爱谈"解放"与"改造"，须知解放不是笼统解放，改造也不是笼统改造。解放是这个那个制度的解放，这种那种思想的解放，这个那个人的解放：都是一点一滴地解放。改造是这个那个制度的改造，这种那种思想的改造，这个那个人的改造：都是一点一滴地改造。

再造文明的下手工夫是这个那个问题的研究。再造文明的进行是这个那个问题的解决。

我这个主张在当时最不能得各方面的了解。当时（民国八年）承"五四"、"六三"之后，国内正倾向于谈主义。我预料到这个趋势的危险，故发表《多研究些问题，少谈些主义》的警告。我说：

凡是有价值的思想，都是从这个那个具体的问题下手的。先研究了问题的种种方面的种种事实，看看究竟病在何处，这是思想的第一步工夫。然后根据于一生的经验学问，提出种种解决的方法，提出种种医病的丹方，这是思想的第二步工夫。然后用一生的经验学问，加上想象的能力，推思每一种假定的解决法应该可以有什么样的效果，更推想这种效果是否真能解决眼前这个困难问题。推想的结果，拣定一种假定的（最满意的）解决，认为我的主张，这是思想的第三步工夫。凡是有价值的主张，都是先经过这三步工夫来的。

我又说：

一切主义，一切学理，都该研究。但只可认作一些假设的（待证的）见解，不可认作天经地义的信条；只可认作参考印证的材料，不可奉为金科玉律的宗教；只可用作启发心思的工具，切不可用作蒙蔽聪明，停止思想的绝对真理。如此方才可以渐渐养成人类的创造的思想力，方才可以渐渐使人类有解决具体问题的能力，方才可以渐渐解放人类对于抽象名词的迷信。

这些话是民国八年七月写的。于今已隔了十几年，当日和我讨论的朋友，一个已被杀死了，一个也颓唐了，但这些话字字句句都还可以应用到今日思想界的现状。十几年前我所预料的种种危险，——"目的热"而"方法盲"，迷信抽象名词，把主义用作蒙蔽聪明停止思想的绝对真理，——一一都显现在眼前了。所以我十分诚恳地把这些老话贡献给我的少年朋友们，希望他们不可再走错了思想的路子。

《新生活》一篇，本是为一个通俗周报写的；十几年来，这篇短文走进了中小学的教科书里，读过的人应该在一千万以上了。但我盼望读过此文的朋友们把这篇短文放在同组的五篇里重新读一遍。赫胥黎教人记得一句"拿证据来！"我现在教人记得一句"为什么？"少年的朋友们，请仔细想想：你进学校是为什么？你进一个政党是为什么？你努力做革命工作是为什么？革命是为了什么而革命？政府是为了什么而存在？

请大家记得：人同畜生的分别，就在这个"为什么"上。

二

第二组的文字只有三篇：

《〈科学与人生观〉序》、《不朽》、《易卜生主义》

这三篇代表我的人生观，代表我的宗教。

《易卜生主义》一篇写得最早，最初的英文稿是民国三年在康奈尔大学哲学会宣读的，中文稿是民国七年写的。易卜生最可代表十九世纪欧洲的个人主义的精华，故我这篇文章只写得一种健全的个人主义的人生观。这篇文章在民国七八年间所以能有最大的兴奋作用和解放作用,也正是因为它所提倡的个人主义在当日确是最新鲜又最需要的一针注射。

娜拉抛弃了家庭丈夫儿女,飘然而去,只因为她觉悟了她自己也是一个人,只因为她感觉到她"无论如何,务必努力做一个人"。这便是易卜生主义。易卜生说:

我所最期望于你的是一种真实纯粹的为我主义,要使你有时觉得天下只有关于你的事最要紧,其余的都算不得什么……你要想有益于社会,最好的法子莫如把你自己这块材料铸造成器。……有的时候我真觉得全世界都像海上撞沉了船,最要紧的还是救出自己。

这便是最健全的个人主义。救出自己的唯一法子便是把你自己这块材料铸造成器。

把自己铸造成器,方才可以希望有益于社会。真实的为我,便是最有益的为人。把自己铸造成了自由独立的人格,你自然会不知足,不满意于现状,敢说老实话,敢攻击社会上的腐败情形,做一个"贫贱不能移,富贵不能淫,威武不能屈"的斯铎曼医生。斯铎曼医生为了说老实话,为了揭穿本地社会的黑幕,遂被全社会的人喊作"国民公敌"。但他不肯避"国民公敌"的恶名,他还要说老实话。

他大胆地宣言:

世上最强有力的人就是那最孤立的人!

这也是健全的个人主义的真精神。

这个个人主义的人生观一面教我们学娜拉,要努力把自己铸造成个人;一面教我们学斯铎曼医生,要特立独行,敢说老实话,敢向恶势力作战。少年的朋友们,不要笑这是十九世纪维多利亚时代的陈腐思想!我们去维多利亚时代还老远哩!欧洲有了十八九世纪的个人主义，造出了无数爱自由过于面包，爱真理过于生命的特立独行之士，方才有今日的文明世界。

现在有人对你们说："牺牲你们个人的自由，去求国家的自由！"我对你们说："争你们个人的自由，便是为国家争自由！争你们自己的人格，便是为国家争人格！自由平等的国家不是一群奴才建造得起来的！"

《〈科学与人生观〉序》一篇略述民国十二年的中国思想界里的一场大论战的背景和内容（我盼望读者能参读《文存三集》里《几个反理学的思想家》的吴敬恒一篇，页一五——八六）。在此序的末段，我提出我所谓"自然主义的人生观"。这不过是一个轮廓，我希望少年的朋友们不要仅仅接受这个轮廓，我希望他们能把这十条都拿到科学教室和实验室里去细细证实或否证。

这十条的最后一条是：

根据于生物学及社会学的知识，叫人知道个人——"小我"——是要死灭的，而人类——"大我"——是不死的，不朽的；叫人知道"为全种万世而生活"就是宗教，就是最高的宗教；而那些替个人谋死后的天堂净土的宗教乃是自私自利的宗教。

这个意思在这里说得太简单了，读者容易起误解。所以我把《不朽》一篇收在后面，专说明这一点。

我不信灵魂不朽之说，也不信天堂地狱之说，故我说这个小我是会死灭的。死灭是一切生物的普遍现象，不足怕，也不足惜。但个人自有他的不死不灭的部分：他的一切作为，一切功德罪恶，一切语言行事，无论大小，无论善恶，无论是非，都在那大我上留下不能磨灭的结果和影响。他吐一口痰在地上，也许可以毁灭一村一族。他起一个念头，也许可以引起几十年的血战。他也许"一言可以兴邦，一言可以丧邦"。善亦不朽，恶亦不朽；功盖万世固然不朽，种一担谷子也可以不朽，喝一杯酒，吐一口痰也可以不朽。古人说，"一出言而不敢忘父母，一举足而不敢忘父母。"我们应该说，"说一句话而不敢忘这句话的社会影响，走一步路而不敢忘这步路的社会影响。"这才是对于大我负责任。能如此做，便是道德，便是宗教。

这样说法，并不是推崇社会而抹煞个人。这正是极力抬高个人的重要。个人虽渺小，而他的一言一动都在社会上留下不朽的痕迹，芳不止流百世，臭也不止遗万年，这不是绝对承认个人的重要吗？成功不必在我，也许在我千百年后，但没有我也决不能成功。毒害不必在眼前，"我躬不阅，遑恤我后！"后而我岂能不负这毒害的责任？今日的世界便是我们的祖宗积的德，造的孽。未来的世界全看我们自己积什么德或造什么孽。世界的关键全在我们手里，真如古人说的"任重而道远"，我们岂可错过这绝好的机会，放下这绝重大的担子？

有人对你说，"人生如梦"。就算是一场梦罢，可是你只有这一个做梦的机会。岂可不振作一番，做一个痛痛快快轰轰烈烈的梦？

有人对你说，"人生如戏"。就说是做戏罢，可是，吴稚晖先生说得好，"这唱的是义务戏，自己要好看才唱的；谁便无端的自己扮作跑龙套，辛苦的出台，只算作没有呢？"

其实人生不是梦，也不是戏，是一件最严重的事实。你种谷子，便有人充饥；你种树，便有人砍柴，便有人乘凉；你拆烂污，便有人遭瘟；你放野火，便有人烧死。你种瓜便得瓜，种豆便得豆，种荆棘便得荆棘。少年的朋友们，你爱种什么？你能种什么？

三

第三组的文字，也只有三篇：

《我们对于西洋近代文明的态度》、《漫游的感想》、《请大家来照照镜子》

在这三篇里,我很不客气地指摘我们的东方文明,很热烈地颂扬西洋的近代文明。

人们常说东方文明是精神的文明,西方文明是物质的文明,或唯物的文明。这是有夸大狂的妄人捏造出来的谣言,用来遮掩我们的羞脸的。其实一切文明都有物质和精神的两部分:材料都是物质的,而运用材料的心思才智都是精神的。木头是物质;而刳木为舟,构木为屋,都靠人的智力,那便是精神的部分。器物越完备复杂,精神的因子越多。一只蒸汽锅炉,一辆摩托车,一部有声电影机器,其中所含的精神因子比我们老祖宗的瓦罐、大车、毛笔多得多了。我们不能坐在舢板船上自夸精神文明,而嘲笑五万吨大汽船是物质文明。

但物质是倔强的东西,你不征服它,它便是征服你。东方人在过去的时代,也曾制造器物,做出一点利用厚生的文明。但后世的懒惰子孙得过且过,不肯用手用脑去和物质抗争,并且编出"不以人易天"的懒人哲学,于是不久便被物质战胜了。天旱了,只会求雨;河决了,只会拜金龙大王;风浪大了,只会祷告观音菩萨或天后娘娘。荒年了,只好逃荒去;瘟疫来了,只好闭门等死;病上身了,只好求神许愿。树砍完了,只好烧茅草;山都精光了,只好对着叹气。这样又愚又懒的民族,不能征服物质,便完全被压死在物质环境之下,成了一分像人九分像鬼的不长进民族。所以我说:

这样受物质环境的拘束与支配,不能跳出来,不能运用人的心思智力来改造环境改良现状的文明,是懒惰不长进的民族的文明,是真正唯物的文明。

反过来看看西洋的文明,

这样充分运用人的聪明智慧来寻求真理以解放人的心灵,来制服天行以供人用,来改造物质的环境,来改革社会政治的制度,来谋人类最大多数的最大幸福,——这样的文明是精神的文明。这是我的东西文化论的大旨。

少年的朋友们,现在有一些妄人要煽动你们的夸大狂,天天要你们相信中国的旧文化比任何国高,中国的旧道德比任何国好。还有一些不曾出国门的愚人鼓起喉咙对你们喊道,"往东走!往东走!西方的这一套把戏是行不通的了!"

我要对你们说:不要上他们的当!不要拿耳朵当眼睛!睁开眼睛看看自己,再看看世界。我们如果还想把这个国家整顿起来,如果还希望这个民族在世界上占一个地位,——只有一条生路,就是我们自己要认错。我们必须承认我们自己百事不如人,不但物质机械上不如人,不但政治制度不如人,并且道德不如人,知识不如人,文学不如人,音乐不如人,艺术不如人,身体不如人。

肯认错了,方才肯死心塌地地去学人家。不要怕模仿,因为模仿是创造的必要预备功夫。不要怕丧失我们自己的民族文化,因为绝大多数人的惰性已尽够保守那旧文化了,用不着你们少年人去担心。你们的职务在进取,不在保守。

请大家认清我们当前的紧急问题。我们的问题是救国,救这衰病的民族,救这半死的文化。在这件大工作的历程里,无论什么文化,凡可以使我们起死回生,返老还童的,都可以充分采用,都应该充分收受。我们救国建国,正如大匠建屋,只求材料可以应用,不管他来自何方。

四

第四组的文字有六篇:

《建设的文学革命论》、《〈尝试集〉自序》、《文学进化观念》、《国语的进化》、《文学革命运动》、《〈词选〉自序》

这里有一部分是叙述文学革命运动的经过的,有一部分是我自己对于文学的见解。

我在这十几年的中国文学革命运动上,如果有一点点贡献,我的贡献只在:

(一)我指出了"用白话作新文学"的一条路子。

(二)我供给了一种根据于历史事实的中国文学演变论,使人明了国语是古文的进化,使人明了白话文学在中国文学史上占什么地位。

(三)我发起了白话新诗的尝试。

这些文字都可以表出我的文学革命论也只是进化论和实验主义的一种实际应用。

五

第五组的文字有四篇:

《〈国学季刊〉发刊宣言》、《古史讨论的读后感》、《〈红楼梦〉考证》、《治学的方法与材料》

这都是关于整理国故的文字。

《季刊宣言》是一篇整理国故的方法总论,有三个要点:

第一,用历史的眼光来扩大研究的范围。

第二,用系统的整理来部勒研究的资料。

第三,用比较的研究来帮助材料的整理与解释。

这一篇是一种概论,故未免觉得太悬空一点。以下的两篇便是两个具体的例子,都可以说明历史考证的方法。

《古史讨论》一篇,在我的《文存》里要算是最精彩的方法论。

这里面讨论了两个基本方法：一个是用历史演变的眼光来追求传说的演变，一个是用严格的考据方法来评判史料。

顾颉刚先生在他的《古史辨》的自序里曾说他从我的《〈水浒传〉考证》和《井田辨》等文字里得着历史方法的暗示。这个方法便是用历史演化的眼光来追求每一个传说演变的历程。我考证《水浒》的故事、包公的传说、狸猫换太子的故事、井田的制度，都用这个方法。顾先生用这方法来研究中国古史，曾有很好的成绩。顾先生说得最好："我们看史迹的整理还轻，而看传说的经历却重。凡是一件史事，应看他最先是怎样，以后逐步逐步地变迁是怎样。"其实对于纸上的古史迹，追求其演变的步骤，便是整理它了。

在这篇文字里，我又略述考证的方法，我说：

我们对于"证据"的态度是：一切史料都是证据。但史家要问：

（一）这种证据是在什么地方寻出的？

（二）什么时候寻出的？

（三）什么人寻出的？

（四）依地方和时候上看起来，这个人有做证人的资格吗？

（五）这个人虽有证人资格，而他说这句话时有作伪（无心的，或有意的）的可能吗？

《〈红楼梦〉考证》诸篇只是考证方法的一个实例。我说：

我觉得我们做《红楼梦》的考证，只能在"著者"和"本子"两个问题上着手；只能运用我们力所能搜集的材料，参考互证，然后抽出一些比较的最近情理的结论。这是考证学的方法。我在这篇文章里，处处想撇开一切先入的成见，处处存一个搜求证据的目的，处处尊重证据，让证据做向导，引我到相当的结论上去。

这不过是赫胥黎、杜威的思想方法的实际应用。我的几十万字的小说考证，都只是用一些"深切而著明"的实例来教人怎样思想。

试举曹雪芹的年代一个问题作个实例。民国十年，我收得了一些证据，得着这些结论：

我们可以断定曹雪芹死于乾隆三十年左右（约西历1765年）。……我们可以猜想雪芹大约生于康熙末叶（约1715年—1720年），当他死时，约五十岁左右。

民国十一年五月，我得着了《四松堂集》的原本见敦诚挽曹雪芹的诗题下注"甲申"二字，又诗中有"四十年华"的话，故修正我的结论如下：

曹雪芹死在乾隆二十九年甲申（1764年），……他死时只有"四十年华"，我们可以断定他的年纪不能在四十五岁以上。假定他死时年四十五岁，他的生时当康熙五十八年（1719年）。但到了民国十六年，我又得了脂砚斋评本《石头记》，其中有"壬午除夕，书未成，芹为泪尽而逝"的话。壬午为乾隆二十七年，除夕当西历1763年2月12日，和我七年前的断定（乾隆三十年左右，约西历1765年）只差一年多。又假定他活了四十五岁，他的生年大概在康熙五十六年（1717年），这也和我七年前的猜测正相符合。

考证两个年代，经过七年的时间，方才得着证实。证实是思想方法的最后又最重要的一步。不曾证实的理论，只可算是假设；证实之后，才是定论，才是真理。我在别处（《文存三集》，页二七三）说过：

我为什么要考证《红楼梦》？

在消极方面，我要教人怀疑王梦阮、徐柳泉一班人的谬说。

在积极方面，我要教人一个思想学问的方法。我要教人疑而后信，考而后信，有充分证据而后信。

我为什么要替《水浒传》作五万字的考证？我为什么要替庐山一个塔作四千字的考证？

我要教人知道学问是平等的,思想是一贯的。……肯疑问"佛陀耶舍究竟到过庐山没有"的人,方才肯疑问"夏禹是神是人"。有了不肯放过一个塔的真伪的思想习惯,方才敢疑上帝的有无。少年的朋友们,莫把这些小说考证看作我教你们读小说的文字。这些都只是思想学问的方法的一些例子。在这些文字里,我要读者学得一点科学精神,一点科学态度,一点科学方法。科学精神在于寻求事实,寻求真理。科学态度在于撇开成见,搁起感情,只认得事实,只跟着证据走。科学方法只是"大胆地假设,小心地求证"十个字。没有证据,只可悬而不断;证据不够,只可假设,不可武断;必须等到证实之后,方才奉为定论。

少年的朋友们,用这个方法来做学问,可以无大差失;用这种态度来做人处事,可以不至于被人蒙着眼睛牵着鼻子走。

从前禅宗和尚曾说,"菩提达摩东来,只要寻一个不受人惑的人"。我这里千言万语,也只是要教人一个不受人惑的方法。被孔丘、朱熹牵着鼻子走,固然不算高明;被马克思、列宁、斯大林牵着鼻子走,也算不得好汉。我自己决不想牵着谁的鼻子走。我只希望尽我的微薄的能力,教我的少年朋友们学一点防身的本领,努力做一个不受人惑的人。

抱着无限的爱和无限的希望,我很诚挚的把这一本小书贡献给全国的少年朋友!

我的歧路

梅先生是向来不赞成我谈思想文学的，现在却极赞成我谈政治；孙先生是向来最赞成我谈思想文学的，现在很恳挚地怪我不该谈政治；常先生又不同了，他并非不赞成我谈思想文学，他只希望我此时把全副精神用在政治上。——这真是我的歧路！

我在这三岔路口，也曾迟回了三年；我现在忍着心肠来谈政治，一只脚已踏上东街，一只脚还踏在西街，我的头还是回望着那原来的老路上！伏庐的怪我走错了路，我也可以承认；燕生怪我精神不贯注，也是真的。我要我的朋友们知道我所以"变节"与"变节而又迟回"的原故，我不能不写一段自述的文章。

我是一个注意政治的人。当我在大学时，政治经济的功课占了我三分之一的时间。当1912年到1916年，我一面为中国的民主辩护，一面注意世界的政治。我那时是世界学生会的会员，国际政策会的会员，联校非兵会的干事。1915年，我为了讨论中日交涉的问题，几乎成为众矢之的。1916年，我的国际非攻论文曾得最高奖金。但我那时已在中国哲学史的研究上寻着我的终身事业了，同时又被一班讨论文学问题的好朋友逼上文学革命的道路了。从此以后，哲学史成了我的职业，文学做了我的娱乐。

1917年7月我回国时，船到横滨，便听见张勋复辟的消息；到了上海，看了出版界的孤陋、教育界的沉寂，我方才知道张勋的复辟乃是极自然的现象,我方才打定二十年不谈政治的决心,要想在思想文艺上替中国政治建筑一个革新的基础。我这四年多以来,写了八九十万字的文章,内中只有一篇曾琦《国体与青年》的短序是谈政治的,其余的文字都是关于思想与文艺的。

1918年12月,我的朋友陈独秀、李守常等发起《每周评论》。那是一个谈政治的报,但我在《每周评论》做的文字总不过是小说文艺一类,不曾谈过政治。直到1919年6月中,独秀被捕,我接办《每周评论》,方才有不能不谈政治的感觉。那时正当安福部极盛的时代,上海的分赃和会还不曾散伙。然而国内的"新"分子闭口不谈具体的政治问题,却高谈什么无政府主义与马克思主义。我看不过了,忍不住了,——因为我是一个实验主义的信徒,——于是发愤要想谈政治。我在《每周评论》第三十一号里提出我的政论的导言,叫做《多研究些问题,少谈些主义!》(《文存》卷二,页一四七以下)。我那时说:

我们不去研究人力车夫的生计,却去高谈社会主义;……不去研究安福部如何解散,不去研究南北问题如何解决,却去高谈无政府主义:我们还要得意扬扬地夸口道:"我们所谈的是根本解决。"老实说罢,这是自欺欺人的梦话,这是中国思想界破产的铁证,这是中国社会改良的死刑宣告!……

高谈主义,不研究问题的人,只是畏难求易,只是懒!

但我的政论的"导言"虽然出来了,我始终没有做到"本文"的机会!我的导言引起了无数的抗议:北方的社会主义者驳我,南方的无政府主义者痛骂我。我第三次替这篇导言辩护的文章刚排上版,《每周评论》就被封禁了;我的政论文章也就流产了。

《每周评论》是1919年8月30日被封的。这两年零八个月之中,忙与病使我不能分出工夫来做舆论的事业。我心里也觉得我的哲学文学事业格外重要,实在舍不得丢了我的旧恋来巴结我的新欢。

况且几年不谈政治的人，实在不容易提起一股高兴来作政论的文章，心里总想国内有人起来干这种事业，何必要我来加一忙呢？

然而我等候了两年零八个月，中国的舆论界仍然使我大失望。一班"新"分子天天高谈基尔特社会主义与马克思社会主义，高谈"阶级战争"与"赢余价值"；内政腐败到了极处，他们好像都不曾看见，他们索性把"社论"、"时评"都取消了，拿那马克思——克洛泡特金——爱罗先柯的附张来做挡箭牌，掩眼法！外交的失败，他们确然也还谈谈，因为骂日本是不犯禁的；然而华盛顿会议中，英美调停，由中日两国代表开议，国内的报纸就加上一个"直接交涉"的名目。直接交涉是他们反对过的，现在这个莫名其妙的东西又叫做"直接交涉"了，所以他们不能不极力反对。然而他们争的是什么呢？怎样才可以达到目的呢？是不是要日本无条件的屈服呢？外交问题是不是可以不交涉而解决呢？这些问题就很少人过问了。

我等候两年零八个月，实在忍不住了。我现在出来谈政治，虽是国内的腐败政治激出来的，其实大部分是这几年的"高谈主义而不研究问题"的"新舆论界"把我激出来的。我现在的谈政治，只是实行我那"多研究问题，少谈主义"的主张。我自信这是和我的思想一致的。梅迪生说我谈政治"较之谈白话文与实验主义胜万万矣"，他可错了；我谈政治只是实行我的实验主义，正如我谈白话文也只是实行我的实验主义。

实验主义自然也是一种主义，但实验主义只是一个方法，只是一个研究问题的方法。他的方法是：细心搜求事实，大胆提出假设，再细心求实证。一切主义，一切学理，都只是参考的材料，暗示的材料，待证的假设，绝不是天经地义的信条。实验主义注重在具体的事实与问题，故不承认根本的解决。他只承认那一点一滴做到的进步，——步步有智慧的指导，步步有自动的实验，

——才是真进化。

我这几年的言论文字，只是这一种实验主义的态度在各方面的应用。我的唯一目的是要提倡一种新的思想方法，要提倡一种注重事实，服从证验的思想方法。古文学的推翻，白话文学的提倡，哲学史的研究，《水浒》、《红楼梦》的考证，一个"了"字或"们"字的历史，都只是这一个目的。我现在谈政治，也希望在政论界提倡这一种"注重事实，尊崇证验"的方法。

我的朋友们，我不曾"变节"；我的态度是如故的，只是我的材料与实例变了。

孙伏庐说他想把那被政治史夺去的我，替文化史夺回来。我很感谢他的厚意。但我要加一句：没有不在政治史上发生影响的文化；如果把政治划出文化之外，那就又成了躲懒的、出世的、非人生的文化了。

至于我精神不能贯注在政治上的原因，也是很容易明白的。哲学是我的职业，文学是我的娱乐，政治只是我的一种忍不住的新努力。我家中政治的书比其余的书，只成一与五千的比例，我七天之中，至多只能费一天在《努力周报》上；我做一段二百字的短评，远不如做一万字《李觏学说》的便利愉快。我只希望提倡这一点"多研究问题，少谈主义"的政论态度，我最希望国内爱谈政治又能谈政治的学者来霸占这个周报。以后我七天之中，分出一天来替他们编辑整理，其余六天仍旧去研究我的哲学与文学，那就是我的幸福了。

我很承认常燕生的责备，但我不能承认他责备的理由。他说：

至于思想文艺等事，先生们这几年提倡的效果也可见了，难道还期望它尚能再有进步吗？

他下文又说"现在到了山顶以后，便应当往下走了"。这些话我不大懂得。燕生决不会承认现在的思想文艺已到了山顶，不能"再有进步"了。我对于现今的思想文艺,是很不满意的。孔丘、朱熹的奴隶减少了,却添上了一班马克思、克洛泡特金的奴隶;陈腐的古典主义打倒了,却换上了种种浅薄的新典主义。我们"提倡有心,创造无力"的罪名是不能避免的。这也是我在这歧路上迟回瞻顾的一个原因了。

在中研院评议会的致辞

今天这个集会，是抗战胜利后的第一次，有许多朋友都是九年以前见过面的。今天大家聚在一起觉得缺少一个人，有许多朋友心里都有这样的一个感觉。缺少什么人呢？就是中央研究院的领袖蔡孑民先生，蔡先生是中央研究院的创办人，他创办研究院的目的，在发展基本科学。诸位晓得中央研究院成立以来，的确为国家建立了发展科学的基础：在中央研究院成立近二十年的今天，我们看不到蔡先生，心里很感伤。

此外还少了一个老朋友，就是丁文江先生，丁先生担任中央研究院的总干事，出了很大的力，他在抗战发动以前，也是为了抗战的准备工作——调查煤矿，牺牲了。

我们今天痛念老朋友的时候，听到于院长说，中央不仅要还政于民，同时要把科学研究还给科学家。又听到议长报告说，政府对于科学研究经费，决定在全国总预算占一个百分比，议长虽没有报告占百分比的多少，但总占了百分比的一个数字。又白先生报告国防部对于发展国防科学的经费，占海陆空军总预算百分之二。经费是发展科学的一个先决条件，具备了这一个条件，科学发展应该更有希望。所以我们大家都感到非常的兴奋。

党政军三方面对于中国科学的将来，都希望迎头赶上世界先进国家。我们对于这个期望，感到惭愧与惶恐。因为在抗战八年之中，中国科学家对于国家的贡献不能算是很多，其最大的原因，就是经费的匮乏与生活的困难。我在抗战八年的时间，都在外国，可以说没有受到战争的艰难困苦。但在与朋友通讯里，知道八年之中，许多学术工作者求生存都很不容易。他们跑出实验室，回家还得挑水劈柴，替太太抱小孩，帮太太洗马桶，甚至于有为了几斗米而牺牲生命，或因营养不够而生病，至今尚躺在医院里治疗。处在这样艰苦的情况之下，要科学研究有很大的成就，实在是很困难。不过从另一方面看，大家不畏艰苦，坚守着自己的岗位，并不是没有做官与发财的机会，而是不愿意违反自己的志愿，这种精神是可以告慰于我们的朋友的。

抗战现已获得了胜利。我个人展望前途，觉得异常的光明。我这种乐观的话，并不是随便说的，而是有事实证明迎头赶上世界的科学不是不可能的。

我们看看美国的学术在三十年前只可说是欧洲的附庸。那时候，一个学者在哈佛大学或耶尔（耶鲁）大学得了博士，总想到欧洲去镀金，就是要到德国的柏林大学，法国的巴黎大学或英国的牛津剑桥大学去做研究。在世界第一次大战以后，美国的学术提高了不少，至现在不仅赶上了欧洲，而且成为世界学术的领导者了。

我们平常提到中国学术四个字，心里总很惭愧。我们在联合国组织里坐第四把椅子，而没有五十年历史的大学与研究机关。但我们看见美国学术在三十年中的突飞猛进，也应该不至于太悲观。只要有做研究工作的环境，我们在十年二十年里也可以迎头赶上各先进国家。

试看与我同年出生的芝加哥大学，今年只有五十五岁，只因得洛克非罗（洛克菲勒）基金的补助，今天已成为世界最有名的学府。又如加利福尼亚工业研究院创办到今天不过二十年，培植成功了许多的科学人才，教授之中得诺贝尔奖的已有了好几位。又如普林斯顿的高等研究所创办的历史更短，这个研究所须先得博士的学位；所以这是一个博士的博士院；这个研究所何以能有这个成绩呢？就是有大量的经费可以吸收世界上许多有名的科学家，如从德国跑出来的爱因斯坦就在这个研究所里。这些都是新兴的科学研究机关，他们都能在短时期内跃居于世界领导的地位。从美国这些事实看来，科学工作的迎头赶上是很可能的。

再以我国来说，抗战以前十年之中，国内有扰乱，国外遭受日本帝国主义的侵略，然而我们科学都有长足的发展；如林可胜先生，世界科学家对于林先生非常崇敬，希望他放弃政府的官吏，回到科学研究的岗位，专门从事研究的工作。又汪缉斋先生的心理学，竺可桢先生的气象学，翁文灏先生的地质学，还有安阳发掘的几位先生的考古学，都为世界学者所钦佩。

从这些事实说来，今后只要政府给我们生活安定，并予我们研究上所需要的财力，十年二十年以后，虽不能说成为博士的博士院，至少我们中央研究院，可以成为世界有地位的研究院，而迎头赶上世界各先进国家。

中国古代政治思想史的一个看法

我很感觉到不安。在大路上的时候,我也常常替找我演讲的机构、团体增加许多麻烦;不是打碎玻璃窗,便是挤破桌椅。所以后来差不多二三十年当中,我总避免演讲。像在北平,我从来没有公开演讲过;只有过一次,也损坏了人家的椅窗。在上海有一次在八仙桥青年会大礼堂公开演讲,就尽量避免。今天在台湾大学因为预先约定是几个学会邀约的学术演讲,相信不会太拥挤。但今天的情形——主席沈先生已向各位道歉——我觉得很不安。我希望今天不会讲得太长,而使诸位感觉得太不舒服。

那天台湾大学三个学会问我讲什么题目,当时我就说讲"中国古代政治思想史的一个看法",而报纸上把下面的"一个看法"丢掉了。如果要我讲"中国古代政治思想史",这个范围似嫌太大,所以我今天还只能讲"中古古代政治思想史的一个看法"。

今年是我的母校哥伦比亚大学创立二百周年纪念。他们在去年准备时,就决定要举行二百周年纪念的典礼。典礼节目中的一部分,有十三个讲演。这十三个讲演广播到全美洲;同时将广播录音送到全世界,凡是有哥伦比亚大学毕业生的地方都要广播。所以这十三个广播演讲,在去年十一二月间就已录音;全部总题目叫做"人类求知的权利"。这里边又分作好几个部分:第一部分(第一至第四个演讲)是讲"人类对于人的见解";第二部分(第五至第八个演讲）是讲"人类对于政治社会的见解"；第三部分（第九至第十三个演讲）是讲"近代自由制度的演变"。他们要我担任第六个演讲，也就是第五至第八个演讲"人类对于政治社会的见解"中的一部分。我担任的题目是"亚洲古代权威与自由的冲突"。所谓亚洲古代，当然要把巴比伦、波斯、印度古代同中国古代都包括在内。但限定每个演讲只有二十五分钟录音。这样大的题目，只限定二十五分钟的演讲，使我得到一个很大的经验与教训。因为这个题目，要从亚洲西部到东部，讲好几百年甚至一二千年古代亚洲的政治思想史，讲起来是很费时的。因此我先把这些国家约略地研究了一下；但研究结果，认为限定二十五分钟时间，无论如何使不够的。我觉得限定二十五分钟时间的演讲，只能限于中国；同时对于这些亚洲西部古代国家关系政治、宗教、社会、哲学等方面的文献甚少；所以最后我自己只选择了中国古代，并且对于"中国古代政治思想史"这个题目又不能不加以限制。同时我因为这是一个很重要的机会，所以把中国古代政治思想的几种观念——威权与自由冲突的观念——特别提出四点（也可说是四件大事）来讲。结果就成为二十五分钟的演讲。哪四件大事呢？

第一，是无政府的抗议，以老子为代表。这是对于太多的政府，太多的忌讳，太多的管理，太多的统治的一种抗议。这种中国古代的政治思想，能在世界上占有一个很独立的、比较有创见的地位。这一次强迫我化了四十多天时间，来预备一个二十五分钟的演讲；经我仔细地加以研究，感到中国政治思想在世界上有一个最大的、最有创见的贡献，恐怕就是我们的第一位政治思想家——老子——的主张无政府主义。他对政府抗议，认为政府应该学"天道"。"天道"是什么呢？"天道"就是无为而无不为。这可说是一个很重要的观念。他认为用不着政府；如其有政府，最好是无为、放任、不干涉，这是一种无政府主义的政治理想：有政府等于没有政府；如果非要有政府不可，就是无为而治。所以第一件大事，就是中国政治思想史上第一个放大炮的——老子——的无政府主义。他的哲学学说，可说是无政府的抗议。

第二件大事，是孔子、孟子一班人提倡的一种自由主义的教育哲学。孔子与孟子首先揭染这种运动。后世所谓"道家（其实中国古代并没有"道家"的名词；此是后话，不在此论例）也可以说是这个自由主义运动的一部分。后来的庄子、杨朱，都是承袭这种学说的。这种所谓个人主义自由主义的教育哲学和个人主义的起来，是由于他们把个人看得特别重，认为个人有个人的尊严。《论语》中的"不降其志，不辱其身"，就是这个道理。个人主义自由主义的教育哲学，教育人参加政治，参加社会；这种人要有一种人格的尊严，要自己感觉到自己有一种使命，不能随便忽略他自己。这个个人主义、自由主义的教育哲学，是第二件值得我们纪念的大事。

第三件大事，可算是中国古代极权政治的起来，也就是集体主义（极权主义）的起来。在这个期间，墨子"上同"的思想（这个"上"字，平常是用高尚的"尚"字，其实是上下的"上"字）。就是下面一切要上同，所谓"上同而不下比者"，——就是一种极权主义。以现在的新名词说，就叫"民主集权"。墨子的这种理论，影响到纪元前四世纪出来了一个怪人——商鞅。他在西方的秦国，实行这种"极权政治"；后来商鞅被清算死了，但这种极权制度还是存在，而且在一百年之内，把当时所谓天下居然打平，用武力来统一中国，建立所谓"秦帝国"。帝国成立以后，极权制度仍继续存在，焚书坑儒，毁灭文献，禁止私家教育。这就是第三件大事。所谓极权主义的哲学思想：极权国家不但起来了，而且是大成功。

第四件大事是，这个极权国家的打倒，无为政治的试行。秦王政统一天下之后，称他自己为秦始皇，以后他的儿子为二世，孙子为三世，以至于十世百世千世万世无穷世。殊不知非特没有到万世千世百世，所谓"秦帝国"，只到了二世就完了。

这一个以最可怕的武力打成功的极权国家，不到十五年就倒下去了。第一个"秦帝国"没有安定，第二个帝国的汉朝却安定了。什么力量使他安定的呢？在我个人的看法，就要回到我说的第一件大事。我以为这是那个无政府主义、无为的政治哲学思想来使他安定的。秦始皇的帝国只有十五年；汉朝的帝国有四百二十年：为什么那个帝国站不住而这个帝国能安定呢？最大的原因，就是汉朝的开国领袖能运用几百年以前老子的无为的政治哲学。汉朝头上七十年工夫，就是采用了这种无为而治的哲学。秦是以有为极权而亡；而汉朝以有意的、自觉的实行无为政治，大汉帝国居然能安定四百二十年之久。不但安定了四百二十年，可说二千年来到现在。今天我们自己称"汉人"，这个"汉"字就是汉朝统治四百二十年后留给我们的。在汉朝以前，只称齐人、楚人、卫人，没有"中国人"这个名词。汉朝的四百二十年，可说是规定了以后二千多年政治的规模，就是无为而治这个观念。这可说是两千多年前祖先留下来的无穷恩惠。这个大帝国，没有军备，没有治安警察，也没有特务，租税很轻。（讲到这里，使我想起我在小时，曾从安徽南部经过浙江到上海。到了杭州，第一天才看到警察；以前走了七天七夜并没有看到一个警察或士兵，路上一样很太平。）所以第四件大事，可说是打倒极权帝国而建立一个比较安定的国家；拿以前提倡了而没有实行的无为而治的政治哲学，来安定四百二十年大汉帝国，安定几千年来中国的政治。

现在我就这四点来姑妄言之，诸位姑妄听之。

第一件大事是老子的无为主义。最近几十年来，我的许多朋友,从梁任公先生到钱穆、顾颉刚、冯友兰诸先生,都说老子这个人恐怕靠不住,老子这部书也恐怕靠不住。他们主张要把老子这部书挪后二三百年。关于这个问题,我也发表过一篇文章,批评这几位先生考定老子年代的方法。我指出他们提出来的证据都站不住。(现在台湾版《胡适文存》第四集第二篇,就是讨论考证老子这个人的年代,和老子这本书的年代的。)但这二三十年来中国学者的提倡,居然影响到外国学者。外国学者也在对老子年代发生怀疑。你看西洋最近出版的几种书,差不多老子的名字都不提了。在我个人的看法,这个问题很复杂;如果将来有机会,可再和各位详细的讨论。今天简单地说,我觉得老子这个人的年代和老子这本书的年代,照现在的材料与根据来说,还是不必更动。老子这个人恐怕要比孔子大二三十岁;他是孔子的先生。所谓"孔子问礼于老聃"是大家所不否认的;同时在《礼记·曾子问》中有明白的记载。那时孔子做老子的学徒,在我那篇很长的文章《说儒》里,老子是"儒",孔子也是"儒"。"儒"的职业是替人家主持丧礼、葬礼、祭礼的。有人认为"儒"是到孔子时才有的,这是错误的观念。我为了一个"儒"字,写了五万多字的文章;我的看法,凡是"儒",根据《檀弓》里所说,就是替人家主持婚丧祭祀的赞礼的。现在大家似乎都看不起这种赞礼。其实你要是看看基督教和回教,如基督教的牧师,回教的阿洪,他们也是替人家主持婚丧祭祀的。在古代二千五百年时,"儒"也是一种职业。在《礼记·曾子问》中都讲到孔子的大弟子和孔子的老师都是替人家"相"丧的。《礼记·曾子问》中记:孔子自说有一天跟随着老子替人家主持丧礼,出丧到半路上,遇到日蚀;老子就发命令,要大家把棺材停在路旁,等到日蚀过去后再往前抬。下面老子又解释为什么送丧时遇到日蚀应该等到太阳恢复后再往前抬。各位先生想一想:送丧碰到日蚀,这是很少见的事;而孔子跟着老子为人家主持丧礼,在路上遇见日蚀,也是一件很少见的事,记载的人把这话记载下来,我相信这是不至于会假的。从前阎百诗考据老子到周去问礼到底是那一年,就是根据这段史实来断定的。同时《檀弓》并不是一本侮蔑孔子的书;这是一本儒家的书。孔子的学生如曾子等,都是替人家送丧的。替人家送丧是当时的一种吃饭工具,是一种正当的职业。至于老子这部书,约有五千字左右,里边有四五个真正有创造的基本思想;后来也没有人能有这样透辟的观念。这部只有五千字左右的书,在我个人看起来,从文字上来看,我们也没有理由把它放得太晚。在思想上它的好几个观念,可说是影响了孔子。譬如老子说"无为",孔子受其影响甚大。如《论语》中的"无为而治的,其舜也耶!""为政以德,譬如北辰,居其所而众星拱之!"这些话都是受了老子"无为而治"的影响的。还有孔子说,我话说得太多,我要"无言"。这也是老子的思想。孔子说:"天何言哉?四时行焉;百物生焉;天何言哉?"这就是自然主义的哲学。我们考证一部书的真假,从一个人的著作中考据另一个人,并不是我一个人的办法。譬如希腊古代在哲学方面有许多著作,后来的人考据哪几部著作是真的,哪几部著作是假的,用什么标准呢?文字当然是一种标准;但是重要的,就是如果要辨别柏拉图著作的真伪,须看柏拉图的学生亚利斯多德是否曾经引过他老师的话,或者看亚利斯多德是否曾提到柏拉图某一部书里的话。这是考据的一种方法。我们再看孔子说的"以德报怨"。这完全是根据老子所说的"报怨以德"。诸如此类的话多得很;如"以能问于不能,以多问于寡,有若无,实若虚,犯而不校"等都可以说是老子的基本观念;尤其"犯而不校",就是老子提倡的一个根基本的观念,所谓"不争主义",亦即是"不抵抗主义"(我就是犯了这个毛病:说不考据,现在又谈考据了。不过我现在说这些话,只是替老子伸伸冤而已)。

老子的主张，所谓无政府的抗议，是中国政治思想史上第一件大事。他的抗议很多。大家总以为老子是一位拱起手来不说话的好好先生，绝对不像个革命党、无政府党。我们不能太污蔑他。你只要看他的书，就知道老子不是好好先生。他在那里抗议，对于当时的政治和社会抗议。他说："民之饥，以其上食税之多，是以饥。民之难治，以其上之有为，是以难治。民之轻死，以其求生之厚，是以轻死。""民不畏死，奈何以死惧之。""天下多忌讳，而民弥贫。民多利器，国家滋昏。人多伎巧，奇物滋起。法令滋彰，盗贼多有。"这就是提倡无政府主义的老祖宗对于当时政治和社会管制太多、统制太多，政府太多的一个抗议。所以大家不要以为老子是一位什么事都不管的好好先生，太上老君；他是一位对于政治和社会不满而要提出抗议的革命党。而且他仅仅抗议还不够；他还提出一种政治基本哲学。就是说，在世界政治思想史上，自由中国在二千五百年以前产生了一种放任主义的政治哲学，无为而治的政治哲学，不干涉主义的政治哲学。在西方恐怕因为直接间接地受了中国这种政治思想的影响，到了十八世纪才有不干涉政治思想哲学的起来。近代的民主政治，最初的一炮都是对于政府的一个抗议：不要政府，要把政府的力量减轻到最低，最好做到无为而治。我想全世界人士不会否认：在全世界的政治思想史上，中国提出无为而治的思想、不干涉主义，这个政治哲学，比任何一个国家要早二千三百年。这是很重要的一件大事。老子说：我们不要自己靠自己的聪明；我们要学学天，学学大自然。"自然"这两个字怎样解释呢？"然"是如此，"自然"就是自己如此。天地间的万物，都不是人造出来的，也不是由玉皇大帝造一个男的再造一个女的，而都是无为，都是自己如此。一切的花，不管红黄蓝白各种颜色的花，决不是一个万能的上帝涂上了各种颜色才这样的，都是自己如此。也就是老子的所谓"天道"，孔子所谓"天何言哉？四时行焉，百物生焉，天何言哉？""天道"就是无为，无为而无不为。老子说："故圣人云：我无为而民自化；我好静而民自正；我无事而民自富；我无欲而民自朴。"这就是无为的政治。而老子最有名的一句话，就是"太上，下知有之"。就是说：最高的政府，使下面的人仅仅知道这个政府。另外一个本子把这句话多加了一个字，作"太上下不知有之"。就是说：上面有个政府，下面的人民还不知道有政府的存在。下面又说："其次，亲之誉之；其次，畏之；其次，侮之。"就是，比较次一等的政府，人民亲近他，称誉他；第三等政府，人民畏惧他；第四等政府，人民看不起他。所以第一句"太上，下知有之"六个字是很了不得的，是人类政治思想史上最早有这个观念。这种政治思想，比世界上任何一个有思想文化的民族都还要早；同时，由这个观念而影响到我们后来的思想。所以我们中国在政治思想上舍不得把老子这部书抹煞掉，我们历史上第一个政治思想家，就是提倡无政府主义，不干涉主义的老子。同时，我颇疑心十八世纪的欧洲哲学家已经有老子的书的拉丁文翻译本；因为那时他们似乎已经受到老子学说的影响。

第二件大事是孔子以下的自由思想，个人主义。孔子与老子不同。孔子是教育家，而老子反对文化，认为五音、五色、五味的文化是太复杂了，最好连车船等机器都不用，文字也不必要。这种反文化的观念，在欧洲十八世纪时的卢梭，十九世纪时的托尔斯泰也曾提出；而老子的反文化观念要比任何世界上有文化的民族为早。老子不但反文化，而且反教育，认为文明是代表人民的堕落。而孔子恰恰相反。他是一个教育家、历史家。虽然做老子的学生，受无为思想的影响。孔子在政治思想上的成就比较平凡，并没有什么创造的见解。但是孔子是一个了不得的教育家。他提出的教育哲学可以说是民主自由的教育哲学，将人看作是平等的。《论语》中有"性相近也,习相远也,唯上智与下愚不移。"就是说,除了绝顶聪明与绝顶笨的人没有法教育以外,其他都是平等的,可教育的能力一样。孔子提出四个字,可以说是中国的民主主义教育哲学,就是:"有教无类。""类"是种类,是阶级。若是看了墨子讲的"类"和荀子讲的"类"然后再来解释孔子的"有教无类",可以知道此处的"类"就是我类,就是阶级。有了教育就没有种类,就没有阶级。后世的考试制度,可以说是根据这种教育哲学为背景的。

孔子的教育哲学是"有教无类",但他的教育"教"什么呢?孔子提出一个很重要的字,就是"仁"字。孔子的着重"仁"字,可以说前无古人后无来者。这是了不得的地方。这个"仁"就是人的人格,人的人性,人的尊严。孔子说:"修己以敬。"孔子的学生问:"这就够了吗?"孔子又说:"修己以安人。"孔子的学生又问:"这就够了吗?"孔子又说:"修己以安百姓。"这句话就是说教育并不是要你去做和尚,去打坐念经那一套。"修己"是做教育自己的工作;但是还有一个社会目标,就是"安人"。"安人"是给人类以和平、快乐。这一个教育观念是新的。教育并不是为自己,不是为使自己成为菩萨、罗汉,神仙。修己是为了教育自己,为的社会目标。所以后来儒家的书《大学》里的"格物、致知、诚意、正心、修身",是修身的工作,而后面的"齐家、治国、平天下",都是社会的目标。所以孔子时代的这种"修己以安人"、"修己以安百姓"的观念就是将教育个人与社会贯连起来。教育的目标不是为自己自私自利,不是为升官发财,而是为"安人"、"安百姓",为齐家、治国、平天下。因为有这个使命,就感觉到"仁"——受教育的"人",尤其是士大夫阶级,格外有一种尊严。人本来有人的尊严,到了做到自己感觉有"修己以安人"、"修己以安百姓"的使命时,就格外感觉到有一种责任。

所以《论语》中说:"志士仁人,无求生以害仁,有杀身以成仁。"就是说,遇必要时,宁可杀身以完成人格。这就是《论语》中的"不降其志,不辱其身"。孔子的大弟子曾子说:"士不可以不弘毅,任重而道远。仁以为己任,不亦重乎!死而后已,不亦远乎!"就是说,受教育的人要有大气魄,要有毅力。为什么呢?因为"任重而道远"。"任"就是担子。把"仁"拿来做担子,担子自然很重,到死才算是完了,这个路程还不远吗?这一个观念,是我们所谓有孔孟学派的精神的:就是将个人人格看得很重,要自己挑起担子来,"修己以安人"、"修己以安百姓"。孟子常说:"自任以天下之重。"曾子说:"仁以为己任。"以整个人类视为我们的担子,这是两千五百年以来的一个了不得的传统。后来宋朝范仲淹也说:"先天下之忧而忧,后天下之乐而乐。"这就是因为"修己以安人"而感觉到"任重而道远"的缘故。明末顾亭林以为:"天下兴亡,匹夫有责",也是这个道理。

所以自由民主的教育哲学产生了健全的个人主义。个人主义就是将自己看作一个有担子的人,不要忘了自己有使命,有责任。不但孔子如此,孟子也讲得很清楚:"富贵不能淫,贫贱不能移,威武不能屈:此之谓大丈夫。"就是说大丈夫的人格要自己感觉到自己有"修己以安人"的使命。再讲到杨、朱、庄子所提倡的个人主义,也不过是个人人格的尊严。庄子主要的是说:"举世誉之而不加劝;举世非之而不加沮。"这就是最健全的个人主义。老子、庄子都是如此。到了汉朝才有人勉强将他们跟孔、孟分了家,称为道家。秦以前的古书中都没有"道家"这个名字。(哪一位先生能在先秦古书里找到"道家"这个名字的,我愿意罚钱。)所以韩非子在秦末年时说:"天下显学二,儒、墨而已。"他只讲到儒、墨,没有提及道家。杨朱的学说也是个人主义。这个个人主义的趋势是一个了不得的趋势,以健全的民主自由教育哲学作基础，要做到"不降其志，不辱其身"；提倡人格，要挑得起人类的担子，挑得起天下的担子。宁可"杀身以成仁"，不可"求生以害仁"。这个健全的个人主义，是第二个重要的运动。

　　第三件大事发生在纪元前五世纪以后，在孔子以后，自四世纪起到三世纪时，正是战国时代。原来春秋时代有一个大国——晋。晋国文化很高，但在西历纪元前403年即被权臣分裂为韩、赵、魏三国。这一年历史家算作战国的第一年。那时南方的楚也很强大。因为晋国三分，亦便没有可畏的强邻了。当时的秦孝公是一个英主，用了一个大政治家商鞅。两人合作而造成了一个极权国家。不过极权主义的思想原则远在商鞅之前就已发生；在《墨子》的《上同》篇中已有这个思想。关于中国古代思想的三个大老——老子、孔子、墨子，我在《中国哲学史》上卷，提倡百家平等；认为他们受了委屈，为被压迫了几千年的学派打抱不平。现在想想，未免矫枉过正。当时认为墨家是反儒家的；儒家是守旧的右派，而墨家是革新的左派。但这几十年来——三十五年来的时间很长，头发也白了几根，当然思想也有点进步——我看墨子的运动是替民间的宗教辩护，认为鬼是有的，神是有的。这种替民间宗教辩护的思想，在当时我认为颇倾向于左；但现在看他，可以算是一个极右的右派——反动派。尤其是讲宗教政治的部分，所说的话是右派的话。在政治思想上，只要看他的《上同篇》。《上同篇》中说：

　　古者民始生未有政长之时，盖其语人异义。是以一人则一义，二人则二义，十人则十义。其人兹众，其所谓义者亦兹众。是以人是其义以非人之义，故交相非也。……天下之乱，若禽兽然。"

　　义就是对的；一个人认为自己是对的，十个人认为他们各是对的，结果互相吵起来而"交相非也"。拿我的"义"打人家的"义"，结果天下大乱而"若禽兽然"。有了政府时，政府中，上面是天子，有三公、诸侯——乡长、里长，政府成立了。然后由天子发布命令给天下百姓，说你们凡是听见好的或不好的事都要报告到上面来，这是民主集权制。《上同篇》中说：

> 夫明乎天下之所以乱者生以无政长，是故选天下之贤可者立以为天子。天子立，以其力为未足，又选择天下之贤可者置立之以为三公。……政长既已具，天子发政于天下之百姓，言曰，闻善而不善（王引之读"而"为"与"），皆以告其上。上之所是，必皆是之；所非，必皆非之。……上同而不下比者，此上之所赏而下之所誉也。

只要上面说是对的，下面的人都要承认是对的：这就是"上同"，"上同而不下比"。

> 里长发政里之百姓，言曰，闻善而不善，必以告其乡长。乡长之所是，必皆是之；乡长之所非，必皆非之。……乡长唯能壹同乡之义，是以乡治也。……乡长发政乡之百姓，言曰，闻善而不善者，必以告国君。国君之所是，必皆是之，国君之所非，必皆非之。……国君唯能壹同国之义，是以国治也。

天子的功用就是能够壹同天下之义。但是这还不够；天子上面还有上帝。所以

> 国君发政国之百姓，言曰，闻善而不善，必以告天子。天子之所是，皆是之；天子之所非，皆非之。……天子唯能壹同天下之义，是以天下治也。……天下之百姓，皆上同于天子，而不上同于天，则灾犹未去也。

这才算是真正的上同。但是怎样才能达到上同呢？拿现代的名词讲，就是用"特务制度"，也就是要组织起来。这样才能够收到在数千里外有人做好事坏事，他的妻子邻人都不知道，而天子已经知道。《上同篇》中有一段说：

> 古者圣王唯能审以尚同以为政长，是故上下情通（依毕王诸

家校)。上有隐事遗利，下得而利之；下有蓄怨积害，上得而除之。是以数千万里之外，有为善者，其室人未遍知，乡里未遍闻，天子得而赏之。数千万里之外，有为不善者，其室人未遍知，乡人未遍闻，天子得而罚之。是以举天下之人皆恐惧振动，惕栗不敢为淫暴，曰，"天子之视听也神！"

就是说天子的看与听都是神。然后又说：

非神也，夫惟能使人之耳目助己视听，使人之（唇）吻助己言谈，使人之心思助己思虑，使人之股肱助己动作。助之视听者众，则其德音之所抚循者博矣；助之思虑者众，则其举事速成矣。故古者圣人之所以济事成功垂名于后世者，无他故异物焉，曰唯能以上同为政者也。

这就是一种最高的民主集权制度。这种思想真正讲起来也可以说是一种神权政治，也是极权政治的一种哲学。所以我们从政治方面讲，老子是站在左派，而墨子是站在极右派。不过后来墨子并没有机会实行他的政治哲学。

秦孝公的西方国家本来是一个贫苦的国家，但是经过商君变法，提倡"农"、"战"，这是一种政治上、经济上、军事制度上的大改革、大革新。这个革新有两大原则：一是提倡"农"，生产粮食；一是提倡"战"。有许多古代的哲学，古代的书籍，因为离开我们太久远了，我们对它的看法有时看不大懂。在三十五年前我写《中国哲学史大纲》时，就很不注意《商君书》和韩非子的书。这种书因为在那时候，没有能看得懂，觉得有许多东西好像靠不住。等到这几十年来，世界上有几个大的极权政府，有几个已经倒了，有的还没有倒。因为这个缘故，我们再回头看墨子、商君的书，懂了。这是经过三十多年的变化而生的转移。举例来说：譬如关于"战"，关于极权政治，在《商君书》第十七章里有一节："圣人之为国也，一赏、一刑、一教。一赏则民无敌；一刑则令行；

一教则下听。"这个"一赏、一刑、一教",真正是极权的国家主义。最重要的是一教。一教之义,就是无论什么学问,无论什么行为,都比不了富贵,而富贵的得来,并不靠你的知识,也不靠你的行为,也不是因为名誉;靠什么呢?靠战争。"所谓一教者,博闻辩慧,信廉礼乐,修行群党,任誉清浊,不可以富贵。……富贵之门;要存战而已矣。"能够作战的才能践富贵之门;因为这个缘故,父兄、子弟、朋友、婚姻的谈话中最重要的事是战争。"彼能战者,践富贵之门。……是父兄昆弟知识婚姻合同者,皆曰,务之所加,存战而已矣。故当壮者务于战,老弱者务于守。死者不悔,生者务劝。此……所谓一教也。""民之欲富贵也,共阖棺而后出。而富贵之门必出于兵。是故民间战而相贺也。起居饮食所歌谣者,战也。……圣人治国也,审一而已矣。"像这样使人认为战争是可贺的,在家中在外面所唱的歌都是战争;这样才能做到使百姓听到战争的名字,看到战争,有如饿狼看见了肉。这样老百姓才可以用了。"民之见战也,如饿狼之见肉,则民用矣。凡战者,民之所恶也。能使民乐战者,王。"这些书籍,我们在当时看不懂;到了最近几十年来,回头看一看《史记》、《商君书》,才都懂了。那时的改革政治是怎样呢?就是将人民组织起来,分为什伍的组织,要彼此相纠发。《史记》《商君列传》:

令民为什伍,而相收司(相纠发)连坐(一家有罪而九家连举发。若不纠举,则十家连坐)。不告奸者腰斩。告奸者,与斩敌首同赏。匿奸者与降敌同罚。……有军功者,各以率受上爵。……大小僇力本业耕织;致粟帛多者,复其身。事末利及怠而贫者,举以为收孥。

这是西方的秦建设了一个警察国家,一个极权的国家,而且成绩特别好。在不到一百年之内,居然用武力统一了当时的所谓天下。始皇二十六年统一天下;过了八年后又发生了问题。就是当时还有许多人保留了言论自由。于是三十四年丞相李斯议曰："……古者天下散乱，莫之能一，是以诸侯并作，语皆道古以害今，饰虚言以乱实。人善其私学，以非上之所建立。"就是百姓以批评来反对政府所建立的政策。接着又说：

今皇帝并有天下，别黑白而定一尊，私学而（乃）相与非法教。人闻令下，则各以其所学议之。入则心非，出则巷议。夸主以为名，异取以为高，率群下以造谤。如此弗禁，则主势降乎上，党羽成乎下。禁之便。

主张还是禁止言论自由为对。于是就具体建议："臣请史官非秦纪皆烧之；非博士官所职，天下敢有藏诗书百家语者，悉诣守尉杂烧之。"将书烧了以后，如果还有人敢批评政府的就杀头。"有敢偶语诗书，弃市。""吏见知不举者与同罪"，"所不去者，医药卜筮种树之书。……"这是秦始皇三十四年的大烧书。

总而言之，第三件大事就是秦朝创立一个很可怕的极权国家，而且大成功，用武力统一了全中国，建立了统一的帝国。

第四件大事就是极权国家的打倒，与无为政治的试行。汉高祖是百姓出身，项燕项羽与张耳一班人都是贵族。汉高祖是一个地地道道的百姓，知道民间的疾苦，所以当他率领的革命军到达咸阳时，就召集父老开大会，将所有秦代所定的法律都去掉，只留约法三章。其实只有两章："杀人者死；伤人及盗抵罪。"汉朝的几个大领袖都能继续汉高祖的这种政策。当时的曹参是战功最高，比韩信的战功还高。汉高祖将项羽打倒后，立私生子做齐王，派曹参去做相国。曹参当时就说，我是军人，而齐国的文化程度最高，经济程度也高。情形很复杂，我干不了；还是请一班读书人去吧！于是大家告诉他，山东有一个人叫盖公，可以请他指导。于是曹参就去请教盖公。盖公说："我相信老子的哲学。要治理齐国很容易；只要'无为'就可以治好齐国。于是曹参就实行'无为之治'。"在齐国做了九年宰相，实行无为的结果，齐国大治，政治成绩为全国第一。所以在萧何死后，朝廷又请曹参回到中央政府做宰相。曹参到了中央任丞相以后，也还是喝酒不管国事。当时的惠帝就遣曹参的儿子去问曹参。曹参打了儿子一顿。及曹参上朝，惠帝向他说："你为什么打你的儿子？是我叫他问的。"曹参便脱帽谢罪，向惠帝说："陛下比高皇帝何如？"惠帝说："我哪可以比高皇帝！"参又问："陛下看我比萧何哪个能干？"惠帝说："君似乎不及萧何。"参曰："陛下说得是。既然陛下比不上高祖，我比不上萧何，我们谨守他们的成规，无为而治岂不好？"惠帝就说"很好"。不但如此，以后吕后闹了一个小政变，结果一班大臣"请高祖的一个小儿子代王恒来做皇帝，这就是汉文帝。文帝的太太窦后是一个了不得的皇后。文帝死后，景帝登位，窦后是皇太后。景帝死后，武帝登位，窦后是太皇太后。前后三度，当权四十五年。窦太后最相信老子的哲学，他命令刘家、窦家全家大小都以老子的书作必修教科书。所以汉朝在这四十五年中实行无为而治的政治。对外方面，北对匈奴，南对南越，都是避免战争。对内是减轻租税，减轻刑罚；废止肉刑，废止什伍连坐罪；租税减轻至三十分之一，这是从古以来没有的，以后也没有的。人民经过战国时代的多少战争，又经过楚汉的革命战争，在汉高祖以后，七十年的无为政治使人民得了休息的机会。无为而治的政治使老百姓觉得统一的帝国有好处而没有害处。为什么有好处呢？这样大的一个帝国，没有战事，没有常备军队，没有警察，租税又轻：这自然是老百姓第一次觉得这个政策是值得维持、值得保存的。

由于汉朝这七十年的有意实行的无为而治，才造成了四百年的汉帝国，才留下无为而治的规模，使我们中国两千多年来的政治思想，政治制度，政治行为都受了这"无为而治"的恩典。这是值得我们想想的。这是我对于中国古代政治思想的一个看法。

今天因为广播公司控制得不严格，所以超过了时间，要向诸位道歉。

一个防身药方的三味药

毕业班的诸位同学,现在都得离开学校去开始你们自己的事业了,今天的典礼,我们叫做"毕业",叫做卒业,在英文里叫做"始业"(commencement)。你们的学校生活现在有一个结束,现在你们开始进入一段新的生活,开始撑起自己的肩膀来挑自己的担子,所以叫做"始业"。

我今天承毕业班同学的好意,承阎校长的好意,要我来说几句话。我进大学是在五十年前(1910年),我毕业是在四十六年前(1914年),够得上做你们的老大哥了。今天我用老大哥的资格,应该送你们一点小礼物。我要送你们的小礼物只是一个防身的药方,给你们离开校门、进入大世界,作随时防身救急之用的一个药方。

这个防身药方只有三味药:

第一味药叫做"问题丹"。

第二味药叫做"兴趣散"。

第三味药叫做"信心汤"。

第一味药,"问题丹"。就是说,每个人离开学校,总得带一两个麻烦而有趣味的问题在身边作伴,这是你们入世的第一要紧的救命宝丹。

问题是一切知识学问的来源,活的学问、活的知识,都是为了解答实际上的困难,或理论上的困难而得来的。年轻入世的时候,总得有一个两个不大容易解决的问题在脑子里,时时向你挑战,时时笑你不能对付它,不能奈何它,时时引诱你去想它。

只要你有问题跟着你,你就不会懒惰了,你就会继续有知识上的长进了。

学堂里的书,你带不走;仪器,你带不走;先生,他们不能跟你去,但是问题可以跟你走到天边!有了问题,没有书,你自会省吃省穿去买书;没有仪器,你自会卖田卖地去买仪器!没有好先生,你自会去找好师友;没有资料,你自会上天下地去找资料。

各位青年朋友,你今天离开学校,夹袋里准备了几个问题跟着你走?

第二味药,叫做"兴趣散"。这就是说,每个人进入社会,总得多发展一点专门职业以外的兴趣——"业余"的兴趣。

你们多数是学工程的,当然不愁找不到吃饭的职业,但四年前你们选择的专门职业,真是你们自己的自由志愿吗?你们现在还感觉你们手里的文凭真可以代表你们每个人终身的志愿、终身的兴趣吗?——换句话说,你们今天不懊悔吗?明年今天还不会懊悔吗?

你们在这四年里,没有发现什么新的、业余的兴趣吗?在这四年里,没有发现自己的本行以外的才能吗?

总而言之,一个人应该有他的职业,又应该有他的非职业的玩意儿,不是为吃饭而是心里喜欢做的,用闲暇时间做的——这种非职业的玩意儿,可以使他的生活更有趣、更快乐、更有意思。有时候,一个人的业余活动也许比他的职业还更重要。

英国十九世纪的两个哲学家,一个是弥尔(J.S.Mill),他的职业是东印度公司的秘书,他的业余工作使他在哲学上、经济学上、政治思想史上,都有很大的贡献。一个是斯宾塞(Herbert

Spencer），他是一个测量工程师，他的业余工作使他成为一个很有势力的思想家。

英国的大政治家丘吉尔，政治是他的终身职业，但他的业余兴趣很多，他在文学、历史两方面都有大成就；他用余力作油画，成绩也很好。

美国总统艾森豪先生，他的终身职业是军事，人都知道他最爱打高尔夫球，但我们知道他的油画也很有功夫。

各位青年朋友，你们的专门职业是不用愁的了，你们的业余兴趣是什么？你们能做的，爱做的业余活动是什么？

第三味药，我叫他做"信心汤"。这就是说，你总得有一点信心。

我们生存的这个年头，看见的、听见的，往往都是可以叫我们悲观、失望的——有时候竟可以叫我们伤心，叫我们发疯。

这个时代，正是我们要培养我们的信心的时候，没有信心，我们真要发狂自杀了。

我们的信心只有一句话"努力不会白费"，没有一点儿努力是没有结果的。

对你们学工程的青年人，我还用多举例来说明这种信心吗？工程师的人生哲学当然建筑在"努力不白费"的定律的基石之上。

我只举这短短几十年里大家都知道的两个例子。

一个是亨利·福特（Henry Ford），这个人没有受过大学教育，他小时半工半读，只读了几年书，十六岁就在一小机器店里做工，每周工钱两块半美金，晚上还得去帮别家做夜工。

五十七年前（1903年）他三十九岁，他创立福特汽车公司（Ford Motor Co.），原定资本十万美元，只招得两万八千美元。

五年之后（1908年），他造成了他的最出名的Model T汽车，用全力制造这一种车子。

1913年，我已在大学三年级了，福特先生创立他的第一副"装配线"（Assembly line）。

1914年，四十六年前——他就能够完全用"装配线"的原理来制造他的汽车了。同时（1914年）他宣布他的汽车工人每天只工作八点钟，比别处工人少一点钟——而每天最低工钱五元美金，比别人多一倍。

他的汽车开始是九百五十美元一部，他逐年减低卖价，从九百五十美元直减到三百六十美元——第一次世界大战之后，减到二百九十美元一部。

他的公司，在创办时（1903年）只有两万八千美元的资本——到二十三年之后（1926年）已值得十亿美金了！已成了全世界最大的汽车公司了。1915年，他造了一百万部汽车，1928年，他造了一千五百万部车。

他的"装配线"的原则在二十年里造成了全世界的"工业新革命"。

福特的汽车在五十年中征服全世界的历史还不能叫我们发生"努力不白费"的信心吗？

第二个例子是航空工程与航空工业的历史。

也是五十七年前，1903年12月17日，正是我十二整岁的生日——那一天，在北卡罗来纳州的海边基帝霍克（Kitty Hawk）沙滩上，两个修理脚踏车的匠人，兄弟两人，用他们自己制造的一架飞机，在沙滩上试起飞。弟弟叫Owille Wright，他飞起了十二秒钟；哥哥叫Wilbur Wright，他飞起了五十九秒钟。

那是人类制造飞机飞在空中的第一次成功，——现在那一天（12月17日）是全美国庆祝的"航空日"——但当时并没有人注意到那两个弟兄的试验，但这两个没有受过大学教育的脚踏车修理匠人，他们并不失望，他们继续试飞，继续改良他们的飞机，一直到四年半之后（1908年5月），才有重要的报纸来报道那两个人的试飞,那时候,他们已能在空中飞三十八分钟了!

这四十年中,航空工程的大发展,航空工业的大发展,这是你们学工程的人都知道的,航空工业在最近三十年里已成了世界最大工业的一种。

我第一次看见飞机是在 1912 年;我第一次坐飞机是在 1930 年;我第一次飞过太平洋是在二十三年前(1937 年);第一次飞过大西洋是在十五年前(1945 年)。当我第一次飞渡太平洋的时候,从香港到旧金山总共费了七天!去年我第一次坐 Jet 机,从旧金山到纽约,五个半钟点飞了三千英里!下月初,我又得飞过太平洋,当天中午起飞,当天晚上就到美国西岸了!

五十七年前,Kitty Hawk 沙滩上两个脚踏车修理匠人自造的一个飞机居然在空中飞起了十二秒,那十二秒钟的飞行就给人类打开了一个新的时代,——打开了人类的航空时代。

这不够叫我们深信"努力不会白费"的人生观吗?

古人说"信心可以移山"(Faith moves mountains),又说"功不唐捐"(唐是空的意思),还说"只要功夫深,生铁磨成绣花针"。

年轻的朋友,你们有这种信心没有?

中学生的修养与择业

刚才吴县长报告了五十八年前我在此地的一段历史——我在三岁至四岁间，随先人在台东州住过一年多，在台南住过十个月——要我把台东看作第二家乡；昨天台南市市长也向台南市市民介绍我是台南人；这番盛意，我非常感谢！吴县长预备在这里要做纪念我先人的举动，实在不敢当。明天举行县议员选举，我将以不是候选人也不是选举人，冒充同乡，到各投票所去参观。

今天我看到了吴县长老太太，看到了她，我非常感动，她可算台东年龄最高的了，她与先母年龄相当，先母如在世，已经有七十九岁了。

我在这里不久，与县长、教育科长、校长等几位谈话，知道了台东的教育是在异常困难的情况下来推进的，我非常敬佩他们艰苦不移紧守岗位的坚毅意志，本来教育厅陈雪屏厅长预备与我们同来的，因台北有事，临时由台南赶回去了，不过教育厅还有一位视察杨日旭先生是同来的，我已经特地要他到各校去视察，并将视察结果报告教育厅，以使省府对台东的教育情形有所了解。

今天我应该讲些什么？事先曾请教吴县长，师范刘校长和同来的几位朋友，他们以今天到场的大多数是青年朋友们，也有青年朋友的父兄，因此要我讲讲中等教育的东西。同时，我到过的地方，许多朋友常常问我中学生应注重什么？中学毕业后，升学的应该怎样选科？到社会里去的应该怎样择业？我是不懂教育的，不过年纪大些，并且自己也是经过中学大学过来的，同时看到朋友们与我们自己的子弟经过中学，得到一点认识，愿意将自己的认识提出来供大家的参考，今天讲的题目，就是："中学生的修养与中学生的择业。"

中学生的修养应注意两点：

一、工具的求得。中学生大概是从十二岁的幼年到十八岁的青年，这个时期是决定他将来最重要的一个时期。求知识与做人、做事的工具，要在这个时期求得。古人说："工欲善其事，必先利其器"，中学生要将来有成就，便应该注意到"求工具"——学业上、事业上、求知识上所需要的工具。求工具的目标有二：一是中学毕业后无力升学要到社会里去就业；一是继续升学。

第一种工具是语言文字。不论就业或升学，以我个人的经验和观察所得，语言文字是最需要的工具。在中学里不仅应该学好本国的语言文字，最好能多学一二种外国的语言文字。它是就业升学的钥匙，能为我们打开知识的门。多学得一种语言，等于辟开一个新的花园、新的世界。语言文字，可以说是中学时期应该求得的工具当中非常重要的了。在中学时期如果没有打好语言文字的基础，以后作学问非常的困难。而且过了这个时期，很少能够把语言文字弄好的。

第二种工具是科学的基本知识。许多人都说学了数学，将来没有什么用处，这是错误的。数学是自然科学重要的钥匙，如果不能把这个重要的钥匙——数学，与物理学、化学、生物学、矿物学、植物学等，在中学时期学好，则不能求得新的知识。所以中学时期最重要的，是把这些基本知识弄好。

青年们在学校里对于各种基本科学，不能当它是功课，是学校课程里面需要的功课，应该把它当成求知识、做学问、做人的工具，必不可少的工具。拿工具这个观念来看课程，课程便活了。拿工具这个观念来批评课程，可以得到一个标准。首先看看哪些功课够得上作工具，并分出哪些功课是求知识做学问的工具，哪些功课是做人的工具。哪些功课是重要，哪些功课是次要。同时拿工具这个观念来衡量，哪种教法是死的笨的，请先生改良，哪些应该特别注重，请先生注意。我这个话，不是叫学生对先生造反，而是请先生以工具来教，不要死板地照课本讲，这样推动先生，可以使得先生从没有精神提起精神，不是造反而是教学相长，不把功课当作功课看，把它当作必须的工具看。拿工具的观念看功课，功课便是活的，这一点也可以说是中学生治学的方法。

二、良好习惯的养成。良好习惯的养成，即普通所谓的人品教育，品性人格的陶冶。教育学家心理学家都告诉我们说：人品性格是习惯的养成，好的品格是好的习惯养成。中学生是定型的阶段，中学生时期与其注重治学的方法，毋宁提倡良好的习惯的养成。一个人的坏习惯在中学还可纠正，假使在中学里不能养成良好的习惯，这个人的前途便算完了，在大学里不会是个好学生，在社会里不会是个有用的人才。我愿在这里提醒青年学生们的注意，也请学生的父兄教师们注意。

我们的国家以前注重文字教育，读书人的指甲蓄得很长，手脸都是白白的，行动是文绉绉的，读书可以从"学而时习之"背诵起，写文章摇摇摆摆地会写出许多好听的词句来，可是他们是无用的，不能动手，也不能动脚，连桌凳有一点坏了，也不能拿起斧头钉子来修理。这种只能背书写文章的读书人就是没有养成良好的习惯——动手动脚的习惯。

我在台湾大学讲"治学方法"时，讲到一个故事：宋时有一新进士请教老前辈做官的秘诀，老前辈告诉他四个字：勤谨和缓。这四个字大家称为做官的秘诀，我把它看作做人、做事、做学问的秘诀。简单的分别说：

勤，就是不偷懒，不走捷径，要切切实实，辛辛苦苦地去做。要用眼睛的用眼睛，用手的用手，用脚的用脚，先生叫你找材料，你就到应该到的地方去找。叫你找标本，你就到田野，到树林里去找，无论在实验室里，在自然界里，都不要偷懒，一点一滴的去做。

谨，就是谨慎，不粗心，不苟且，以江浙的俗话来说，不拆烂污。写汉字，一点、一横也不放过；写外国字，"i"的点、"t"的横，也一样不放过；做数学，一个圈、一个小数点都不苟且。不要以为这是小事情，做小事关系天下的大事，做学问关系成败，所以细心谨慎，是必须养成的习惯。

和，就是不要发脾气，不要武断，要虚心，要和和平平。什么叫做虚心？脑筋不存成见，不以成见来观察事实，不以成见来对待人。就做学问来说，要以心平气和的态度来做化学、数学、历史、地理，并以心平气和的态度来学语文。无论对事，对人，对物，对问题，对真理，完全是虚心的，这叫做和。

缓，这个字很重要，"缓"的意思是不要忙，不轻易下结论。如果没有缓的习惯，前面三个字就不容易做到。譬如找证据，这是很难的工作，如果限定几点钟交卷，就不能做到"勤"的工夫；忙于完成，证据不够，不管它了，这样就不能做到"谨"的工夫；匆匆忙忙地去做，当然不能做到"和"的工夫。所以证据不够，应当悬而不断，就是姑且先挂在那里，悬而不断，并不是叫你搁下就不管，是要你勤，要你谨，要你和。缓，就是南方人说的"凉凉去吧"，缓的意思，是要等着找到了充分的证据，然后根据事实来下判断。无论做学问、做事、做官、做议员，都是一样的。大家知道治花柳病的名药"六零六"吧？什么叫"六零六"呢？经过六百零六次的试验才成功的。"九一四"则试验了九百一十四次。达尔文的生物进化论,认为动植物的生存进化与环境有绝大的关系,也费了三十年的工夫,到四海去搜集标本和研究,并与朋友们往复讨论。朋友们都劝他发表,他仍然不肯。后来英国皇家学会收到另一位科学家华莱士的论文,其结论与达尔文的一样,朋友们才逼着达尔文把研究的结论公布,并提出与朋友们讨论的信件,来证明他早已获得结论,于是皇家学会才决定同华莱士的论文同时发表,达尔文这种持重的态度,不是缺点,是美德,这也是科学史上勤谨和缓的实例。值得我们去想想,作为榜样,尤其青年学生们要在中学里便养成这种习惯。有了这种好习惯,无论是做人做事做学问,将来不怕没有成就。

中学生高中毕业后,面临的问题是继续升学或到社会支找职业。升学应如何选科?到社会去如何择业?简单地说,有两个标准:

一、社会的标准。社会上所需要的,最易发财的,最时髦的是什么?这便是社会的标准。台湾大学钱校长告诉我说,今年台大招生,学生中外文成绩好的都投考工学院,尤其是考电机工程、机械工程和特多,考文史的则很少,因为目前社会需要工程师,学成后容易得到职业而且待遇好。这种情形,在外国也是一样的,外国最吃香和学科是原子能、物理学和航空工程,干这一行的,最受欢迎,最受优待。

二、个人的标准。所谓个人的标准,就是个人的投考兴趣、性情、天才近哪门学科,适于哪一行业。简单地说,能干什么。社会上需要工程师,学工程的固不忧失业,但个人的性情志趣是否与工程相合?父母兄长爱人都希望你学工程,而你的性情志趣,甚至天才,却近于诗词、小说、戏剧、文学,你如迁就父母兄长爱人之所好而去学工程,结果工程界里多了一个饭桶,国家社会失去了一个第一流的诗人、小说家、文学家、戏剧学家,不是可惜了吗？所以个人的标准比社会的标准重要。因为社会标准所需要的太多，中国人常说社会职业有三百六十行，这是以前的说法，现在何止三百六十行，也许三千六百行，三万六千行都有，三千六百行，三万六千行，行行都需要。社会上需要建筑工程师，需要水利工程师，需要电力工程师，也需要大诗人、大美术家、大法学家、大政治家，同时也需要做新式马桶的工人。能做新式马桶的，照样可以发财。社会上三万六千行，既是行行都需要，一个人决不可能会做每行的事，顶多会二三行，普通都只能会一行的。在这种情形之下，试问是社会的标准重要？还是个人的标准重要？当然是个人的重要！因此选科择业不要太注重社会上的需要，更不要迁就父母兄长爱人的所好。爸爸要你学赚钱的职业，妈妈要你学时髦的职业，爱人要你学社会上有地位的职业，你都不要管他，只问你自己和性情近乎什么？自己的天才力量能做什么？配作什么？要根据这些来决定。历史上在这一方面，有很好的例子，意大利的伽利略是科学的老祖宗，是新的天文学家，新的物理学家的老祖宗。他的父亲是一个数学家，当时学数学的人很倒霉。在伽利略进大学的时候（三百多年前），他父亲因不喜欢，所以要他学医，可是他读医科，毫无兴趣，朋友们以他的绘画还不坏，认为他有美术天才，劝他改学美术，他自己也颇以为然。有一天他偶然走过雷积教授替公爵府里面做事的人补习几何学的课室，便去偷听，竟大感兴趣，于是医学不学了，画也不学了改学他父亲不喜欢的数学。后来替全世界创立了新的天文学、新物理学，这两门学问都建筑于数学之上。

最后说我个人到外国读书的经过，民国前二年，考取官费留美，家兄特从东三省赶到上海为我送行，以家道中落，要我学铁路工程，或矿冶工程，他认为学了这些回来，可以复兴家业，并替国家振兴实业。不要我学文学、哲学，也不要学做官的政治法律，说这是没有用的。当时我同许多人谈过这个问题。以路矿都不感兴趣，为免辜负兄长的期望，决定选读农科，想做科学的农业家，以农报国。同时美国大学农科，是不收费的，可以节省官费的一部分，寄回补助家用。进农学院以后第三个星期，接到实验系主任的通知，要我到该系报到实习。报到以后，他问我："你有什么农场经验？"我说："我不是种田的。"他又问我："你做什么呢？"我说："我没有做什么，我要虚心来学，请先生教我。"先生答应说："好。"接着问我洗过马没有，要我洗马。我说："我们中国种田，是用牛不是用马。"先生说："不行。"于是学洗马，先生洗一半，我洗一半。随即学驾车，也是先生套一半，我套一半。做这些实习，还觉得有兴趣。下一个星期的实习，为包谷选种，一共有百多种，实习结果，两手起了泡，我仍能忍耐，继续下去，一个学期结束了，各种功课的成绩，都在八十五分以上。到了第二年，成绩仍旧维持到这个水准。依照学院的规定，各科成绩在八十五分以上的，可以多选两个学分的课程，于是增选了种果学。起初是剪树、接种、浇水、捉虫，这些工作，也还觉得有兴趣。在上种果学的第二学期，有两小时的实习苹果分类，一张长桌，每个位子分置了四十个不同种类和苹果，一把小刀，一本苹果分类册，学生们须根据每个苹果的长短，开花孔的深浅、颜色、形状、果味和脆软等标准，查对苹果分类册，分别其类别（那时美国苹果有四百多类，现恐有六百多类了），普通名称和学名。美国同学都是农家子弟，对于苹果的普通名称一看便知，只需在苹果分类册里查对学名，便可填表缴卷，费时甚短。我和一位郭姓同学则需一个一个地经过所有检别的手续，花了两小时半，只分类了二十个苹果，而且大部分是错的。晚上我对这种实习起了一种念头：我花了两小时半的时间，究竟是在干什么？中国连苹果种子都没有，我学它什么用处？自己的性情不相近，干吗学这个？这两个半钟头的苹果实习使我改行，于是，决定离开农科。放弃一年半的时间（这时我已上了一年半的课）牺牲了两年的学费，不但节省官费补助家用已不可能，维持学业很困难，以后我改学文科、学哲学、政治、经济、文学，在没有回国时，以前与朋友们讨论文学问题，引起了中国的文学革命运动，提倡白话，拿白话作文，做教育工具，这与农场经验没有关系，苹果学没有关系，是我那时的兴趣所在。我的玩意儿对国家贡献最大的便是文学的"玩意儿"，我所没有学过的东西。最近研究《水经注》（地理学的东西）。我已经六十二岁了，还不知道我究竟学什么？都是东摸摸，西摸摸，也许我以后还要学学水利工程亦未可知，虽则我现在头发都白了，还是无所专长，一无所成。可是我一生很快乐，因为我没有依社会需要的标准去学时髦。我服从了自己的个性，根据个人的兴趣所在去做，到现在虽然一无所成，但是我生活的很快乐，希望青年朋友们，接受我经验得来的这个教训，不要问爸爸要你学什么，妈妈要你学什么，爱人要你学什么。要问自己性情所近，能力所能做的去学。这个标准很重要，社会需要的标准是次要的。

赠与今年的大学毕业生

这一两个星期里，各地的大学都有毕业的班次，都有很多的毕业生离开学校去开始他们的成人事业。学生的生活是一种享有特殊优待的生活，不妨幼稚一点，不妨吵吵闹闹，社会都能纵容他们，不肯严格地要他们负行为的责任。现在他们要撑起自己的肩膀来挑他们自己的担子了。在这个国难最紧急的年头，他们的担子真不轻！我们祝他们的成功，同时也不忍不依据我们自己的经验，赠与他们几句送行的赠言——虽未必是救命毫毛，也许作个防身的锦囊罢！

你们毕业之后，可走的路不出这几条：绝少数的人还可以在国内或国外的研究院继续做学术研究；少数的人可以寻着相当的职业；此外还有做官、办党、革命三条路；此外就是在家享福或者失业闲居了。第一条继续求学之路，我们可以不讨论。走其余几条路的人，都不能没有堕落的危险。堕落的方式很多，总括起来，约有这两大类：

第一是容易抛弃学生时代的求知识的欲望。你们到了实际社会里，往往所用非所学，往往所学全无用处，往往可以完全用不着学问，而一样可以胡乱混饭吃，混官做。在这种环境里，即使向来抱有求知识学问的决心的人，也不免心灰意懒，把求知的欲望渐渐冷淡下去。况且学问是要有相当的设备的；书籍、试验室、师友的切磋指导、闲暇的工夫，都不是一个平常要糊口养家的人所能容易办到的。没有做学问的环境，又谁能怪我们抛弃学问呢？

第二是容易抛弃学生时代的理想的人生的追求。少年人初次与冷酷的社会接触，容易感觉理想与事实相去太远，容易发生悲观和失望。多年怀抱的人生理想、改造的热诚、奋斗的勇气，到此时候，好像全不是那么一回事。渺小的个人在那强烈的社会炉火里，往往经不起长时期的烤炼就熔化了，一点高尚的理想不久就幻灭了。抱着改造社会的梦想而来，往往是弃甲曳兵而走，或者做了恶势力的俘虏。你在那俘虏牢狱里，回想那少年气壮时代的种种理想主义，好像都成了自误误人的迷梦！从此以后，你就甘心放弃理想人生的追求，甘心做现成社会的顺民了。

要防御这两方面的堕落，一面要保持我们求知识的欲望，一面要保持我们对于理想人生的追求。有什么好法子呢？依我个人的观察和经验，有三种防身的药方是值得一试的。

第一个方子只有一句话："总得时时寻一两个值得研究的问题！"问题是知识学问的老祖宗；古今来一切知识的产生与积聚，都是因为要解答问题，——要解答实用上的困难或理论上的疑难。所谓"为知识而求知识"，其实也只是一种好奇心追求某种问题的解答，不过因为那种问题的性质不必是直接应用的，人们就觉得这是"无所为"的求知识了。我们出学校之后，离开了做学问的环境，如果没有一个两个值得解答的疑难问题在脑子里盘旋，就很难继续保持追求学问的热心。可是，如果你有了一个真有趣的问题天天逗你去想它，天天引诱你去解决它，天天对你挑衅笑你无可奈它，——这时候，你就会同恋爱一个女子发了疯一样，坐也坐不下，睡也睡不安，没工夫也得偷出工夫去陪她，没钱也得搏衣节食去巴结她。没有书，你自会变卖家私去买书；没有仪器，你自会典押衣服去置办仪器；没有师友，你自会不远千里去寻师访友。你只要能时时有疑难问题来逼你用脑子,你自然会保持发展你对学问的兴趣,即使在最贫乏的知识环境中,你也会慢慢地聚起一个小图书馆来,或者设置起一所小试验室来。所以我说:第一要寻问题。脑子里没有问题之日,就是你的知识生活寿终正寝之时!古人说,"待文王而兴者,凡民也。若夫豪杰之士,虽无文王犹兴。"试想伽利略(Galieo)和牛顿(Newton)有多少藏书?有多少仪器?他们不过是有问题而已。有了问题而后,他们自会造出仪器来解答他们的问题。没有问题的人们,关在图书馆里也不会用书,锁在试验室里也不会有什么发现。

第二个方子也只有一句话:"总得多发展一点非职业的兴趣。"离开学校之后,大家总得寻个吃饭的职业。可是你寻得的职业未必就是你所学的,或者未必是你所心喜的,或者是你所学而实在和你的性情不想近的。在这种状况之下,工作就往往成了苦工,就不感觉兴趣了。为糊口而做那种非"性之所近而力之所能勉"的工作,就很难保持求知的兴趣和生活的理想主义。最好的救济方法只有多多发展职业以外的正当兴趣与活动。一个人应该有他的职业,又应该有他的非职业的玩意儿,可以叫做业余活动。凡一个人用他的闲暇来做的事业,都是他的业余活动。往往他的业余活动比他的职业还更重要,因为一个人的前程往往会靠他怎样用他的闲暇时间。他用他的闲暇来打麻将,他就成个赌徒;你用你的闲暇来做社会服务,你也许成个社会改革者;或者你用你的闲暇去研究历史,你也许成个史学家。你的闲暇往往定你的终身。英国十九世纪的两个哲人,弥儿(J.S.Mill)终身做东印度公司的秘书,然而他的业余工作使他在哲学上、经济学上、政治思想史上都占一个很高的位置;斯宾塞(Spencer)是一个测量工程师,然而他的业余工作使他成为前世纪晚期世界思想界的一个重镇。古来成大学问的人,几乎没有一个不是善用他的闲暇时间的。特别在这个组织不健全的中国社会，职业不容易适合我们性情，我们要想生活不苦痛或不堕落，只有多方发展业余的兴趣，使我们的精神有所寄托，使我们的剩余精力有所施展。有了这种心爱的玩艺儿，你就做六个钟头的抹桌子工夫也不会感觉烦闷了，因为你知道，抹了六点钟的桌子之后，你可以回家去做你的化学研究，或画完你的大幅山水，或写你的小说戏曲，或继续你的历史考据，或做你的社会改革事业。你有了这种称心如意的活动，生活就不枯寂了，精神也就不会烦闷了。

第三个方子也只有一句话："你总得有一点信心。"我们生当这个不幸的时代，眼中所见，耳中所闻，无非是叫我们悲观失望的。特别是在这个年头毕业的你们，眼见自己的国家民族沉沦到这步田地，眼看世界只是强权的世界，望极天边好像看不见一线的光明，——在这个年头不发狂自杀，已算是万幸了，怎么还能够希望保持一点内心的镇定和理想的信心呢？我要对你们说：这时候正是我们培养我们的信心的时候！只要我们有信心，我们还有救。古人说："信心（faith）可以移山。"又说："只要功夫深，生铁磨成绣花针。"你不信吗？当拿破仑的军队征服普鲁士占据柏林的时候，有一位穷教授叫做菲希特（Fichte）的，天天在讲堂上劝他的国人要有信心，要信仰他们的民族是有世界的特殊使命的，是必定要复兴的。菲希特死的时候（1814年），谁也不能预料德意志统一帝国何时可以实现。然而不满五十年，新的统一的德意志帝国居然实现了。

一个国家的强弱盛衰，都不是偶然的，都不能逃出因果的铁律的。我们今日所受的苦痛和耻辱，都只是过去种种恶因种下的恶果。我们要收将来的善果，必须努力种现在的新因。一粒一粒地种，必有满仓满屋地收，这是我们今日应该有的信心。

我们要深信：今日的失败，都由于过去的不努力。

我们要深信：今日的努力，必定有将来的大收成。

佛典里有一句话："福不唐捐。"唐捐就是白白地丢了，我们也应该说："功不唐捐！"没有一点努力是会白白地丢了的。在我们看不见想不到的时候，在我们看不见想不到的方向，你瞧！你下的种子早已生根发叶开花结果了！

你不信吗？法国被普鲁士打败之后，割了两省地，赔了五十万万佛郎的赔款。这时候有一位刻苦的科学家巴斯德（Pasteur）终日埋头在他的试验室里做他的化学试验和微菌学研究。他是一个最爱国的人，然而他深信只有科学可以救国。他用一生的精力证明了三个科学问题：（1）每一种发酵作用都是由于一种微菌的发展；（2）每一种传染病都是由于一种微菌在生物体中的发展；（3）传染病的微菌，在特殊的培养之下，可以减轻毒力，使它从病菌变成防病的药苗。——这三个问题，在表面上似乎都和救国大事业没有多大的关系。然而从第一个问题的证明，巴斯德定出做醋酿酒的新法，使全国的酒醋业每年减除极大的损失。从第二个问题的证明，巴斯德教全国的蚕丝业怎样选种防病，教全国的畜牧农家怎样防止牛羊瘟疫，又教全世界的医学界怎样注重消毒以减除外科手术的死亡率。从第三个问题的证明，巴斯德发明了牲畜的脾热瘟的疗治药苗，每年替法国农家灭除了二千万佛郎的大损失；又发明了疯狗咬毒的治疗法，救济了无数的生命。所以英国的科学家赫胥黎（Huxley）在皇家学会里称颂巴斯德的功绩道："法国给了德国五十万万佛郎的赔款，巴斯德先生一个人研究科学的成绩足够还清这一笔赔款了。"

巴斯德对于科学有绝大的信心，所以他在国家蒙奇辱大难的时候，终不肯抛弃他的显微镜与试验室。他绝不想他的显微镜底下能偿还五十万万佛郎的赔款，然而在他看不见想不到的时候，他已收获了科学救国的奇迹了。

朋友们，在你最悲观最失望的时候，那正是你必须鼓起坚强的信心的时候。你要深信：天下没有白费的努力。成功不必在我，而功力必不唐捐。

我们对学生的希望

今天是 5 月 4 日。我们回想去年今日，我们两人都在上海欢迎杜威博士，直到 5 月 6 日方才知道，北京 5 月 4 日的事。日子过得真快，匆匆又是一年了！

当去年的今日，我们心里只想留住杜威先生在中国讲演教育哲学；在思想一方面提倡实验的态度和科学的精神；在教育一方面而输入新鲜的教育学说，引起国人的觉悟，大家来做根本的教育改革。这是我们去年今日的希望。不料时势的变化大出我们的意料之外，这一年以来，教育界的风潮几乎没有一个月平静的；整整的一年光阴就在风潮扰攘里过去了。

这一年的学生运动，从远大的观点看起来，自然是几十年来的一件大事。从这里面发出来的好效果，自然也不少；引起学生的自动精神，是一件；引起学生对于社会国家的兴趣，是二件；引出学生的作文演说的能力、组织的能力、办事的能力，是三件；使学生增加团体生活的经验，是四件；引起许多学生求知识的欲望，是五件。这都是旧日的课堂生活所不能产生的，我们不能不认为学生运动的重要贡献。

社会若能保持一种水平线以上的清明，一切政治上鼓吹和设施，制度上的评判和革新，都应该有成年的人去料理；未成年的一代人（学生时代之男女），应该有安心求学的权利，社会也用不着他们求做学校生活之外的活动。但是我们现在不幸生在这个变态的社会里，没有这种常态社会中人应该有的福气；社会上许多事被一班成年的或老年的人弄坏了。别的阶级又都不肯出来干涉纠正，于是这种干涉纠正的责任，遂落在一般未成年的男女学生的肩膀上。这是变态的社会里一种不可免的现象。现在有许多人说学生不应该干预政治，其实并不是学生自己要这样干，这都是社会和政府硬逼出来的。如果社会国家的行为没有受学生干涉纠正的必要，如果学生能享受安心求学的幸福而不受外界的强烈的刺激和良心上的督责，他们又何必甘心抛了宝贵的光阴，冒着生命的危险，来做这种学生运动呢？

简单一句话：在变态的社会国家里面，政府太卑劣腐败了，国民又没有正式的纠正机关（如代表民意的国会之类）。那时候，干预政治的运动，一定要从青年的学生界发生的。汉末的太学生，宋代的太学生，明末的结社，戊戌政变以前的公车上书，辛亥以前的留学生革命党，俄国从前的革命党，德国革命前的学生运动，印度和朝鲜现在的运动，中国去年的"五四"运动与"六三"运动，都是同一个道理，都是有发生的理由的。

但是我们不要忘记：这种运动是非常的事，是变态的社会里不得已的事，但是它又是很不经济的不幸事。因为是不得已，故它的发生是可以原谅的。因为是很不经济的不幸事，故这种运动是暂时不得已的救急的办法，却不可长期存在的。

荒唐的中年老年人闹下了乱子，却要未成年的学子抛弃学业，荒废光阴，来干涉纠正：这是天下最不经济的事。况且中国眼前的学生运动更是不经济。何以故呢？试看自汉末以来学生运动，试看俄国、德国、印度、朝鲜的学生运动，哪有一种用罢课作武器的？即如去年的"五四"与"六三"，这两次的成绩可是单靠罢课作武器的吗？单靠用罢课作武器，是最不经济的方法，是下下策，屡用不已，是学生运动破产的表现！

罢课于旁人无损，于自己却有大损失，这是人人共知的。但我们看来，用罢课作武器，还有精神上的很大损失：

（一）养成依赖群众的恶心理，现在的学生很像忘了个人自己有许多事可做，他们很像以为不全体罢课便无事可做。个人自己不肯牺牲，不敢做事，却要全体罢了课来呐喊助威，自己却躲在大众群里跟着呐喊，这种依赖群众的心理是懦夫的心理！

（二）养成逃学的恶习惯，现在罢课的学生，究竟有几个人出来认真做事？其余无数的学生，既不办事，又不自修，究竟为了什么事罢课？从前还可说是"激于义愤"的表示，大家都认作一种最重大的武器，不得已而用之。久而久之，学生竟把罢课的事看作平常的事。我们要知道，多数学生把罢课看作很平常的事，这便是逃学习惯已养成的证据。

（三）养成无意识的行为的恶习惯，无意识的行为，就是自己说不出为什么要做的行为。现在不但学生把罢课看作很平常的事，社会也把学生罢课看作很平常的事。一件很重大的事，变成了很平常的事，还有什么功效灵验呢？既然明知没有灵验功效，却偏要去做；一处无意识地做了，别处也无意识地盲从。这种心理的养成，实在是眼前和将来最可悲观的现象。

以上说的是我们对于现在学生运动的观察。

我们对于学生的希望，简单说来，只有一句话："我们希望学生从今以后要注意课堂里、操场上、课余时间里的学生生活：只有这种学生活动是能持久又最有功效的学生运动。"

这种学生活动有三个重要部分：1. 学问的生活。2. 团体的生活。3. 社会服务的生活。

第一、学问的生活。这一年以来，最可使人乐观的一种好现象，就是许多学生于知识学问的兴趣渐渐增加了。新出的出版物的销数增加，可以估量求知识的兴趣增加。我们希望现在的学生充分发展这点新发生的兴趣，注重学问的生活。要知道社会国家的大问题，决不是没有学问的人能解决的。我们说的"学问的生活"，并不限于从前的背书抄讲义的生活。我们希望学生——无论中学大学——都能注重下列的几项细目：

（1）注重外国文。现在中文的出版物，实在不够满足我们求知的欲望。求新知识的门径在于外国文，每个学生至少须要能用一种外国语看书。学外国语须要经过查生字，记生字的第一难关。千万不要怕难。若是学堂里的外国文教员确是不好，千万不要让他敷衍你们，不妨赶跑他。

（2）注重观察事实与调查事实。这是科学训练的第一步。要求学校里用实验来教授科学。自己去采集标本，自去观察调查。观察调查须要有个目的，——例如本地的人口、风俗、出产、植物、鸦片烟馆等项的调查——还要注重团体的互助，分工合作，做成有系统的报告。现在的学生天天谈"二十一条"，究竟二十一条是什么东西，有几个人说得出吗？天天谈"高徐济顺"，究竟有几个人指得出这条路在什么地方吗？这种不注重事实的习惯，是不可不打破的。打破这种习惯的唯一法子，就是养成观察调查的习惯。

（3）建设地促进学校的改良。现在的学校课程和教员，一定有许多不能满足学生求学的欲望的。我们学生不要专做破坏的攻击，须要用建设的精神，促进学校的改良。与其提倡考试的废止，不如提倡考试的改良；如其攻击校长不多买博物标本，不如提倡学生自己采集标本。这种建设促进，比教育部和教育厅的命令功效大得多咧。

（4）注重自修。灌进去的知识学问，是没有多大用处的。真正可靠的学问都是从自修得来的。自修的能力，是求学问的唯一条件。不养成自修的能力,决不能求学问。自修应注重的事是：a. 看书的能力。b. 要求学校购备参考书报,如大字典、词典、重要的大部书之类。c. 结合同学多买书报,交换阅看。d. 要求教员指导自修的门径和自修的方法。

第二、团体的生活。五四运动以来,总算增加了许多的学生的团体生活的经验。但是现在的学生团体有两大缺点：1. 是内容太偏枯了。2. 是组织大不完备了。内容偏枯的补救,应注意各方面的"俱分并进"。

（1）学术的团体生活,如学术研究会或讲演会之类。应该注重自动的调查、报告、试验、讲演。

（2）体育的团体生活,如足球、运动会、童子军、野外幕居、假期旅行等等。

（3）游艺的团体生活,如音乐、图书、戏剧等等。

（4）社交的团体生活,如同学茶话会、家人恳亲会、师生恳亲会、同乡会等等。

（5）组织的团体生活,如本校学生会、自治会、各校联合会、学生联合总会之类。

要补救组织不完备,应注重世界通行的议会法规(Pariamentary Law)的重要条件。简单地说来,至少须有下列的几个条件：

（1）法定开会人数。这是防弊的要件。

（2）动议的手续与修正议案的手续。这是会议法规里最繁难又最重要的一项。

（3）发言的顺序。这是维持秩序的要件。

（4）表决的方法。a. 须规定某种议案必须全体几分之几的可决,某种必须到会人数几分之几的可决,某种仅须过半数的可决。b. 须规定某种重要议案必须用无记名投票,某种必须用有记名投票,某种可用举手的表决。

（5）凡是代表制的联合会，——无论校内校外——皆须有复决制（Reterendum）。遇重大的案件，代表会议议决案，必须再经过会员的总投票，总会的议决案，必须再经过各分会的复决。

（6）议案提出后，应有规定的讨论时间，并须限制每人发言的时间与次数。现在许多学生会的章程，只注重职员的分配，却不注重这些最紧要的条件。这是学生团体失败的一个大原因。

此外还须注意团体生活最不可少的两种精神：

（1）容纳反对党的意见。现在学生会议的会场上，对于不肯迎合群众心理的言论，往往有许多威压的表示，这是暴民专制，不是民治精神。民治主义的第一个条件就是要使各方面的意见都可以自由发表。

（2）人人要负责任。天下有许多事都是不肯负责任的"好人"弄坏的。好人坐在家里叹气，坏人在议场做戏，天下事所以败坏了。不肯出头负责任的人，便是团体的罪人，便不配做民治国家的国民。民治主义的第二个条件，是人人要负责任，要尊重自己的主张，要用正当的方法来传播自己的主张。

第三、社会服务的生活。学生运动是学生对于社会国家的利害发生兴趣的表示，所以各处都有平民夜校、平民讲演的发起。我们希望今后的学生继续推广这种社会服务的事业。这种事业，一来是救国的根本办法；二来是学生的现力做得到的；三来可以发展学生自己的学问与才干；四来可以训练学生待人接物的经验。我们希望学生注意以下几点：

（1）平民夜校。注重本地的需要，介绍卫生的常识、职业的常识和公民的常识。

（2）通俗讲演。现在那些"同胞快醒，国要亡了"，"杀卖国贼"，"爱国是人生的义务"等等空话的讲演，是不能持久的，说了两三遍就没有用了。我们希望学生注重科学常识的讲演。改良风俗的讲演，破除迷信的讲演。譬如你今天演说"下雨"，你不能不先研究雨是怎样来的，何以从天上下来。听的人也可以因此知道雨不是龙王菩萨洒下来的，也可以知道雨不是道士、和尚求得下来的。又如你明天演说"种田何以须用石灰作肥料"，你就不能不研究石灰的化学性，听的人也可以因此知道肥料的道理。这种讲演，不但于人有益，于自己也极有益。

（3）破除迷信的事业。我们希望学生不但用科学的道理来解释本地的种种迷信，并且还要实行破除迷信的事业。如求神合婚、求仙方、放焰口、风水等等迷信，都该破除。学生不来破除迷信，迷信是永远不会破除的。

（4）改良风俗的事业。我们希望学生用力去做改良风俗的事业。譬如女子缠足的，现在各处多有。学生应该组织天足会，相戒不娶小脚的女子。不能解放你的姊妹的小脚，他就不配谈"女子解放"。又如鸦片烟与吗啡，现在各处仍旧很销行，学生应该组织调查队、侦探队，或报告官府，或自动地捣毁烟间与吗啡店。你不能干涉你村上的鸦片吗啡，你也不配干预国家的大事。

以上说的是我们对于学生的希望。

学生运动已发生了，是青年一种活动力的表现，是一种好现象，决不能压下去的；也决不可把它压下去的。我们对于办教育的人的忠告是："不要梦想压制学生运动；学潮的救济只有一个法子，就是引导学生向有益有用的路上去活动。"

学生运动现在四面都受攻击，"五四"的后援也没有了，"六三"的后援也没有了。我们对于学生的忠告是："单靠用罢课作武装是下下策，可一而再再而三的么？学生运动如果要想保存'五四'和'六三'的荣誉，只有一个法子，就是改变活动的方向，把'五四'和'六三'的精神用到学校内外有益有用的学生活动上去。"

我们讲的话，是很直率，但这都是我们的老实话。

爱国运动与求学

当5月7日北京学生包围章士钊宅，警察拘捕学生的事件发生以后，北京各学校的学生团体即有罢课的提议。有些学校的学生因为北大学生会不曾参加五七的事，竟在北大第一院前辱骂北大学生不爱国。北大学生也有很愤激的，有些人竟贴出布告攻击北大代理校长蒋梦麟媚章媚外。然而几日之内，北大学生会举行总投票表决罢课问题，共投一千一百多票，反对罢课者八百余票，这件事真使一班留心教育问题的人心里欢喜。可喜的不在罢课案的被否决，而在（1）投票之多。（2）手续的有秩序。（3）学生态度的镇静。我的朋友高梦旦在上海读了这段新闻，写了一封长信给我，讨论此事，说，这样做去，便是在求学的范围以内做救国的事业，可算是在近年学生运动史上开一个新纪元。——只可惜我还没有回高先生的信，上海五卅的事件已发生了，前二十天的秩序与镇静都无法维持了。于是6月3日以后，全国学校遂都罢课了。

这也是很自然的。在这个时候，国事糟到这步田地，外间的刺激这么强：上海的事件未了，汉口的事件又来了，接着广州、南京的事件又来了：在这个时候，许多中年以上的人尚且忍耐不住，许多六十老翁尚且要出来慷慨激昂地主张宣战，何况这无数的少年男女学生呢？

我们观察这七年来的"学潮",不能不算民国八年的"五四"事件与今年的"五卅"事件为最有价值。这两次都不是有什么作用,事前预备好了然后发动的;这两次都只是一般青年学生的爱国血诚,遇着国家的大耻辱,自然爆发;纯然是烂漫的天真,不顾利害地干将去,这种"无所为而为"的表示是真实的,可敬爱的。许多学生都是不愿意牺牲求学的时间的;只因为临时发生的问题太大了,刺激太强烈了,爱国的感情一时迸发,所以什么都顾不得了:功课也不顾了,秩序也不顾了,辛苦也不顾了。所以北大学生总投票表决不罢课之后,不到二十天,也就不能不罢课了。二十日前不罢课的表决可以表示学生不愿意牺牲功课的诚意;二十日后毫无勉强地罢课参加救国运动可以征明此次学生运动的牺牲的精神。这并非前后矛盾:有了前回的不愿牺牲,方才更显出后来的牺牲之难能而可贵。岂但北大一校如此?国中无数学校都有这样的情形。

但群众的运动总是不能持久的。这并非中国人的"虎头蛇尾","五分钟的热度"。这是世界人类的通病。所谓"民气",所谓"群众运动",都只是一时的大问题刺激起来的一种感情上的反应。感情的冲动是没有持久性的;无组织又无领袖的群众行动是最容易松散的。我们不看见北京大街的墙上大书着"打倒英日"、"不要五分钟的热度"吗?其实写那些大字的人,写成之后,自己看着很满意,他的"热度"早已消除大半了;他回到家里,坐也坐得下了,睡也睡得着了。所谓"民气",无论在中国在欧美,都是这样:突然而来,悠然而去。几天一次的公民大会,几天一次的示威游行,虽然可以勉强多维持一会儿,然而那回天安门打架之后,国民大会也就不容易召集了。

我们要知道,凡关于外交的问题,民气可以督促政府,政府可以利用民气:民气与政府相为声援方才可以收效。没有一个像样的政府，虽有民气，终不能单独成功。因为外国政府决不能直接和我们的群众办交涉；民众运动的影响（无论是一时的示威或是较有组织的经济抵制），终是间接的。一个健全的政府可以利用民气作后盾，在外交上可以多得胜利，至少也可以少吃点亏。若没有一个能运用民气的政府，我们可以断定民众运动的牺牲的大部分是白白地糟蹋了的。

倘使外交部于6月24日同时送出沪案及修改条约两照会之后即行负责交涉，那时民气最盛，海员罢工的声势正大，沪案的交涉至少可以得一个比较满人意的结果。但这个政府太不像样了：外交部不敢自当交涉之冲，却要三个委员来代捎木梢；三个委员都是很聪明的人，也就乐得三揖三让，延搁下去。他们不但不能用民气，反惧怕民气了！况且某方面的官僚想借这风潮延长现政府的寿命；某方面的政客也想借这问题延缓东北势力的侵逼。他们不运用民气来对付外人，只会利用民气来便利他们自己的私图！于是一误，再误，至于今日，沪案及其他关联之各案丝毫不曾解决，而民气却早已成了强弩之末了！

上海的罢工本是对英日的，现在却是对邮政当局、商务印书馆、中华书局了。北京的学生运动一变而为对付杨荫榆，又变而为对付章士钊了。广州对英的事件全未了结，而广州城却早已成为共产与反共产的血战场了。三个月的"爱国运动"的变相竟致如此！

这时候有一件差强人意的事，就是全国学生总会议决秋季开学后各地学生应一律到校上课，上课后应努力于巩固学生会的组织，为民众运动的中心。北京学联会也决议北京各校同学于开学前务必到校，一面上课，一面仍继续进行。

这是很可喜的消息。全国学生总会的通告里并且有"五卅运动并非短时间所可解决"的话。我们要为全国学生下一转语：救国事业更非短时间所能解决：帝国主义不是赤手空拳打得倒的；"英日强盗"也不是几千万人的喊声咒得死的。救国是一件顶大的事业：排队游街，高喊着"打倒英日强盗"，算不得救国事业；甚至于砍下手指写血书，甚至于蹈海投江，杀身殉国，都算不得救国的事业。救国的事业须要有各色各样的人才；真正的救国的预备在于把自己造成一个有用的人才。

易卜生说得好：

真正的个人主义在于把你自己这块材料铸造成个东西。

他又说：

有时候我觉得这个世界就好像大海上翻了船，最要紧的是救出我自己。

在这个高唱国家主义的时期，我们要很诚恳地指出：易卜生说的"真正的个人主义"正是到国家主义的唯一大路。救国须从救出你自己下手！

学校固然不是造人才的唯一地方，但在学生时代的青年却应该充分地利用学校的环境与设备来把自己铸造成个东西。我们须要明白了解：

救国千万事，何一不当为？

而吾性所适，仅有一二宜。

认清了你"性之所近，而力之所能勉"的方向，努力求发展，这便是你对国家应尽的责任，这便是你的救国事业的预备功夫。国家的纷扰，外间的刺激，只应该增加你求学的热心与兴趣，而不应该引诱你跟着大家去呐喊。呐喊救不了国家。即使呐喊也算是救国运动的一部分，你也不可忘记你的事业有比呐喊重要十倍百倍的。你的事业是要把你自己造成一个有眼光有能力的人才。

你忍不住吗？你受不住外面的刺激吗？你的同学都出去呐喊了，你受不了他们的引诱与讥笑吗？你独坐在图书馆里觉得难为情吗？你心里不安吗？——这也是人情之常，我们不怪你；我们都有忍不住的时候。但我们可以告诉你一两个故事，也许可以给你一点鼓舞：

德国大文豪歌德（Goethe）在他的年谱里曾说，他每遇着国家政治上有大纷扰的时候，他便用心去研究一种绝不关系时局的学问，使他的心思不致受外界的扰乱。所以拿破仑的兵威逼迫德国最厉害的时期里，歌德天天用功研究中国的文物。又当利俾瑟之战的那一天，歌德正关着门，做他的名著 Essex 的"尾声"。

德国大哲学家费希特（Fichte）是近代国家主义的一个创始者。然而他当普鲁士被拿破仑践破之后的第二年（1807年）回到柏林，便着手计划一个新的大学——即今日之柏林大学。那时候，柏林还在敌国驻兵的掌握里。费希特在柏林继续讲学，在很危险的环境里发表他的《告德意志民族》（Reden an Die Deutsche Nation）。往往在他讲学的堂上听得见敌人驻兵操演回来的笳声。他这一套讲演——《告德意志民族》——忠告德国人不要灰心丧志，不要惊慌失措；他说，德意志民族是不会亡国的；这个民族有一种天赋的使命，就是要在世间建立一个精神的文明，——德意志的文明：他说，这个民族的国家是不会亡的。

后来费希特计划的柏林大学变成了世界的一个最有名的学府；他那部《告德意志民族》不但变成了德意志帝国建国的一个动力，并且成了十九世纪全世界的国家主义的一种经典。

上边的两段故事是我愿意介绍给全国的青年男女学生的。我们不期望人人都做歌德与费希特。我们只希望大家知道：在一个扰攘纷乱的时期里跟着人家乱跑乱喊，不能就算是尽了爱国的责任，此外还有更难更可贵的任务：在纷乱的喊声里，能立定脚跟，打定主意，救出你自己，努力把你这块材料铸造成个有用的东西！

名 教

中国是个没有宗教的国家，中国人是个不迷信宗教的民族。——这是近年来几个学者的结论。有些人听了很洋洋得意，因为他们觉得不迷信宗教是一件光荣的事。有些人听了要做愁眉苦脸，因为他们觉得一个民族没有宗教是要堕落的。

于今好了，得意的也不可太得意了，懊恼的也不必懊恼了。因为我们新发现中国不是没有宗教的：我们中国有一个很伟大的宗教。

孔教早倒霉了，佛教早衰亡了，道教也早冷落了。然而我们却还有我们的宗教。这个宗教是什么教呢？提起此教，大大有名，他就叫做"名教"。

名教信仰什么？信仰"名"。

名教崇拜什么？崇拜"名"。

名教的信条只有一条："信仰名的万能。"

"名"是什么？这一问似乎要做点考据。《论语》里孔子说，"必也正名乎"，郑玄注：

正名，谓正书字也。古者曰名，今世曰字。

《仪礼·聘礼》注：

名，书文也。今谓之字。

《周礼·大行人》下注：

> 书名，书文字也。古曰名。

《周礼·外史》下注：

> 古曰名，今曰字。

《仪礼·聘礼》的释文说：

> 名，谓文字也。

总括起来，"名"即是文字，即是写的字。

"名教"便是崇拜写的文字的宗教；便是信仰写的字有神力，有魔力的宗教。

这个宗教，我们信仰了几千年，却不自觉我们有这样一个伟大宗教。不自觉的缘故正是因为这个宗教太伟大了，无往不在，无所不包，就如同空气一样，我们日日夜夜在空气里生活，竟不觉得空气的存在了。

现在科学进步了，便有好事的科学家去分析空气是什么，便也有好事的学者去分析这个伟大的名教。

民国十五年有位冯友兰先生发表一篇很精辟的《名教之分析》（《现代评论》第二周年纪念增刊，页一九四——一九六）。冯先生指出"名教"便是崇拜名词的宗教，是崇拜名词所代表的概念的宗教。

冯先生所分析的还只是上流社会和知识阶级所奉的"名教"，它的势力虽然也很伟大，还算不得"名教"的最重要部分。

这两年来，有位江绍原先生在他的"礼部"职司的范围内，发现了不少有趣味的材料，陆续在《语丝》、《贡献》几种杂志上发表。他同他的朋友们收的材料是细大不捐，雅俗无别的；所以他们的材料使我们渐渐明白我们中国民族崇奉的"名教"是个什么样子。

究竟我们这个贵教是个什么样子呢？且听我慢慢道来。

先从一个小孩生下地说起。古时小孩生下地之后，要请一位专门术家来听小孩的哭声,声中某律,然后取名字(看江绍原《小品》百六八,《贡献》第八期,页二四)。现在的民间变简单了,只请一个算命的,排排八字,看他缺少五行之中的哪行。若缺水,便取个水旁的名字;若缺金,便取个金旁的名字。若缺火又缺土的,我们徽州人便取个"灶"字。名字可以补气禀的缺陷。

小孩命若不好,便把他"寄名"在观音菩萨的座前,取个和尚式的"法名",便可以无灾无难了。

小孩若爱啼啼哭哭,睡不安宁,便写一张字帖,贴在行人小便的处所,上写着:

天皇皇,地皇皇,我家有个夜啼郎。过路君子念一遍,一夜睡到大天光。

文字的神力真不少。

小孩跌了一跤,受了惊骇,那是骇掉了"魂"了,须得"叫魂"。魂怎么叫呢?到那跌跤的地方,撒把米,高叫小孩子的名字,一路叫回家。叫名便是叫魂了。

小孩渐渐长大了,在村学堂同人打架,打输了,心里恨不过,便拿一条柴炭,在墙上写着诅咒他的仇人的标语:"王阿三热病打死。"他写了几遍,心上的气便平了。

他的母亲也是这样。她受了隔壁王七嫂的气,便拿一把菜刀,在刀板上剁,一面剁,一面喊"王七老婆"的名字,这便等于乱剁王七嫂了。

他的父亲也是"名教"的信徒。他受了王七哥的气,打又打他不过,只好破口骂他,骂他的爹妈,骂他的妹子,骂他的祖宗十八代。骂了便算出了气了。

据江绍原先生的考察,现在这一家人都大进步了。小孩在墙上会写"打倒阿毛"了。他妈也会喊"打倒周小妹"了。他爸爸也会贴"打倒王庆来"了(《贡献》九期,江绍原《小品》页七八）。

　　他家里人口不平安，有病的，有死的。这也有好法子。请个道士来，画几道符，大门上贴一张，房门上贴一张，茅厕上也贴一张，病鬼便都跑掉了，再不敢进门了。画符自然是"名教"的重要方法。

　　死了的人又怎么办呢？请一班和尚来，念几卷经，便可以超度死者了。念经自然也是"名教"的重要方法。符是文字，经是文字，都有不可思议的神力。

　　死了人，要"点主"。把神主牌写好，把那"主"字上头的一点空着。请一位乡绅来点主。把一只雄鸡头上的鸡冠切破，那位赵乡绅把朱笔蘸饱了鸡冠血，点上"主"字。从此死者的灵魂遂凭依在神主牌上了。

　　吊丧须用挽联，贺婚贺寿须用贺联；讲究的送幛子，更讲究的送祭文寿序。都是文字，都是"名教"的一部分。

　　豆腐店的老板梦想发大财，也有法子。请村口王老师写副门联："生意兴隆通四海，财源茂盛达三江。"这也可以过发财的瘾了。

　　赵乡绅也有他的梦想，所以他也写副门联："总集福荫，备致嘉祥。"

　　王老师虽是不通，虽是下流，但他也得写一副门联："文章华国，忠孝传家。"

　　豆腐店老板心里还不很满足，又去请王老师替他写一个大红春帖："对我生财"，贴在对面墙上，于是他的宝号就发财的样子十足了。

　　王老师去年的家运不大好，所以他今年元旦起来，拜了天地，洗净手，拿起笔来，写个红帖子："戊辰发笔，添丁进财。"他今年一定时运大来了。

　　父母祖先的名字是要避讳的。古时候，父名晋，儿子不得应进士考试。现在宽得多了，但避讳的风俗还存在一般社会里。皇帝的名字现在不避讳了。但孙中山死后，"中山"尽管可用作学校地方或货品的名称，"孙文"便很少人用了；忠实同志都应该称他为"先总理"。

南京有一个大学，为了改校名，闹了好几次大风潮，有一次竟把校名牌子抬了送到大学院去。

北京下来之后，名教的信徒又大忙了。北京已改做"北平"了；今天又有人提议改南京做"中京"了。还有人郑重提议"故宫博物院"应该改作"废宫博物院"。将来这样大改革的事业正多呢。

前不多时，南京的《京报副刊》的画报上有一张照片，标题是"军事委员会政治训练部宣传处艺术科写标语之忙碌"。图上是五六个中山装的青年忙着写标语；桌上、椅背上、地板上，满铺着写好了的标语，有大字，有小字，有长句，有短句。

这不过是"写"的一部分工作；还有拟标语的，有讨论审定标语的，还有贴标语的。

5月初济南事件发生以后，我时时往来淞沪铁路上，每一次四十分钟的旅行所见的标语总在一千张以上；出标语的机关至少总在七八十个以上。有写着"枪毙田中义一"的，有写着"活埋田中义一"的，有写着"杀尽倭贼"而把"倭贼"两字倒转来写，如报纸上寻人广告倒写的"人"字一样。"人"字倒写，人就会回来了；"倭贼"倒写，倭贼也就算打倒了。

现在我们中国已成了口号标语的世界。有人说，这是从苏俄学来的法子。这是很冤枉的。我前年在莫斯科住了三天，就没有看见墙上有一张标语。标语是道地的国货，是"名教"国家的祖传法宝。

试问墙上贴一张"打倒帝国主义"，同墙上贴一张"对我生财"或"抬头见喜"，有什么分别？是不是一个师父传授的衣钵？

试问墙上贴一张"活埋田中义一"，同小孩子贴一张"雷打王阿毛"，有什么分别？是不是一个师父传授的法宝？

试问"打倒唐生智"、"打倒汪精卫"，同王阿毛贴的"阿发黄病打死"，有什么分别？王阿毛尽够做老师了，何须远学莫斯科呢？

自然，在党国领袖的心目中，口号标语是一种宣传的方法，政治的武器。但在中小学生的心里，在第九十九师十五连第三排的政治部人员的心里，口号标语便不过是一种出气泄愤的法子罢了。如果"打倒帝国主义"是标语，那么，第十区的第七小学为什么不可贴"杀尽倭贼"的标语呢？如果"打倒汪精卫"是正当的标语，那么"活埋田中义一"为什么不是正当的标语呢？

如果多贴几张"打倒汪精卫"可以有效果，那么，你何以见得多贴几张"活埋田中义一"不会使田中义一打个寒噤呢？

故从历史考据的眼光看来，口号标语正是"名教"的正传嫡派。因为在绝大多数人的心里，墙上贴一张"国民政府是为全民谋幸福的政府"正等于门上写一条"姜太公在此"，有灵则两者都应该有灵，无效则两者同为废纸而已。

我们试问，为什么豆腐店的张老板要在对门墙上贴一张"对我生财"？岂不是因为他天天对着那张纸可以过一点发财的瘾吗？为什么他元旦开门时嘴里要念"元宝滚进来"？岂不是因为他念这句话时心里感觉舒服吗？

要不然，只有另一个说法，只可说是盲从习俗，毫无意义。张老板的祖宗下来每年都贴一张"对我生财"，况且隔壁剃头店门口也贴了一张，所以他不能不照办。

现在大多数喊口号，贴标语的，也不外这两种理由：一是心理上的过瘾，一是无意义的盲从。

少年人抱着一腔热沸的血，无处发泄，只好在墙上大书"打倒卖国贼"，或"打倒日本帝国主义"。写完之后，那二尺见方的大字，那颜鲁公的书法，个个挺出来，好生威武，他自己看着，血也不沸了，气也稍稍平了，心里觉得舒服得多，可以坦然回去休息了。于是他的一腔义愤，不曾收敛回去，在他的行为上与人格上发生有益的影响，却轻轻地发泄在墙头的标语上面了。

这样的发泄感情，比什么都容易，既痛快，又有面子，谁不爱做呢？一回生，二回熟，便成了惯例了，于是"五一"、"五三"、"五四"、"五七"、"五九"、"六三"……都照样做去：放一天假，开个纪念会，贴无数标语，喊几句口号，就算做了纪念了！

于是月月有纪念，周周做纪念周，墙上处处是标语，人人嘴上有的是口号。于是老祖宗几千年相传的"名教"之道遂大行于今日，而中国遂成了一个"名教"的国家。

我们试进一步，试问，为什么贴一张"雷打王阿毛"或"枪毙田中义一"可以发泄我们的感情，可以出气泄愤呢？

这一问便问到"名教"的哲学上去了。这里面的奥妙无穷，我们现在只能指出几个有趣味的要点。

第一，我们的古代老祖宗深信"名"就是魂，我们至今不知不觉地还逃不了这种古老迷信的影响。"名就是魂"的迷信是世界人类在幼稚时代同有的。埃及人的第八魂就是"名魂"。我们中国古今都有此迷信。《封神演义》上有个张桂芳能够"呼名落马"；他只叫一声"黄飞虎还不下马，更待何时！"黄飞虎就滚下五色神牛了。不幸张桂芳遇见了哪吒，喊来喊去，哪吒立在风火轮上不滚下来，因为哪吒是莲花化身，没有魂的。《西游记》上有个银角大王，他用一个红葫芦，叫一声"孙行者"，孙行者答应一声，就被装进去了。后来孙行者逃出来，又来挑战，改名做"行者孙"，答应了一声，也就被装了进去！因为有名就有魂了。民间"叫魂"，只是叫名字，因为叫名字就是叫魂了。因为如此，所以小孩在墙上写"鬼捉王阿毛",便相信鬼真能把阿毛的魂捉去。党部中人制定"打倒汪精卫"的标语,虽未必相信"千夫所指,无病自死";但那位贴"枪毙田中"的小学生却难保不知不觉地相信他有咒死田中的功用。

第二,我们的古代老祖宗深信"名"(文字)有不可思议的神力,我们也免不了这种迷信的影响。这也是幼稚民族的普通迷信,高等民族也往往不能免除。《西游记》上如来佛写了"唵嘛呢叭咪吽"六个字,便把孙猴子压住了一千年。观音菩萨念一个"唵"字咒语,便有诸神来见。他在孙行者手心写一个"谜"字,就可以引红孩儿去受擒。小说上的神仙妖道作法,总得"口中念念有词"。一切符咒,都是有神力的文字。现在有许多人似乎真相信多贴几张"打倒军阀"的标语便可以打倒张作霖了。他们若不信这种神力,何以不到前线去打仗,却到吴淞镇的公共厕所墙上张贴"打倒张作霖"的标语呢?

第三,我们的古代圣贤也曾提倡一种"理智化"了的"名"的迷信,几千年来深入人心,也是造成"名教"的一种大势力。卫君要请孔子去治国,孔老先生却先要"正名"。他恨极了当时的乱臣贼子,却又"手无斧柯,奈龟山何!"所以他只好做一部《春秋》来褒贬他们,"一字之贬,严于斧钺;一字之褒,荣于华衮"。这种思想便是古代所谓"名分"的观念。尹文子说:

> 善名命善,恶名命恶。故善有善名,恶有恶名。……今亲贤而疏不肖,赏善而罚恶。贤不肖,善恶之名宜在彼;亲疏赏罚之称宜属我。……"名"宜属彼,"分"宜属我。我爱白而憎黑,韵商而舍徵,好膻而恶焦,嗜甘而逆苦。白黑商徵,膻焦甘苦,彼之"名"也;爱憎韵舍,好恶嗜逆,我之"分"也。定此名分,则万事不乱也。

"名"是表物性的,"分"是表我的态度的。善名便引起我爱敬的态度，恶名便引起我厌恨的态度。这叫做"名分"的哲学。"名教"、"礼教"便建筑在这种哲学的基础之上。一块石头，变作了贞节牌坊，便可以引无数青年妇女牺牲她们的青春与生命去博礼教先生的一篇铭赞，或志书"列女"门里的一个名字。"贞节"是"名"，羡慕而情愿牺牲，便是"分"。女子的脚裹小了，男子赞为"美"，诗人说是"三寸金莲"，于是几万万的妇女便拼命裹小脚了。"美"与"金莲"是"名"，羡慕而情愿吃苦牺牲，便是"分"。现在人说小脚"不美"，又"不人道"，名变了，分也变了，于是小脚的女子也得塞棉花，充天脚了。——现在的许多标语，大都有个褒贬的用意：宣传便是宣传这褒贬的用意。说某人是"忠实同志"，便是教人"拥护"他。说某人是"军阀"，"土豪劣绅"，"反动"，"反革命"，"老朽昏庸"，便是教人"打倒"他。故"忠实同志"、"总理信徒"的名，要引起"拥护"的分。"反动分子"的名，要引起"打倒"的分。故今日墙上的无数"打倒"与"拥护"，其实都是要寓褒贬，定名分。不幸标语用得太滥了，今天要打倒的，明天却又在拥护之列了；今天的忠实同志，明天又变为反革命了。于是打倒不足为辱，而反革命有人竟以为荣。于是"名教"失其作用，只成为墙上的符箓而已。

两千年前，有个九十岁的老头子对汉武帝说：

为治不在多言，顾力行何如耳。

两千年后，我们也要对现在的治国者说：

治国不在口号标语，顾力行何如耳。

一千多年前，有个庞居士，临死时留下两句名言：

但愿空诸所有。慎勿实诸所无。

"实诸所无"，如"鬼"本是没有的，不幸古代的浑人造出"鬼"名，更造出"无常鬼"、"大头鬼"、"吊死鬼"等等名，于是人的心里便像煞真有鬼了。我们对于现在的治国者，也想说：

但愿实诸所有。慎勿实诸所无。

末了,我们也学时髦,编两句口号:

打倒名教!名教扫地,中国有望!

我们需要怎样的精神

差不多先生传

你知道中国最有名的人是谁？

提起此人，人人皆晓，处处闻名。他姓差，名不多，是各省各县各村人氏。你一定见过他，一定听过别人谈起他。差不多先生的名字天天挂在大家的口头，因为他是中国全国人的代表。

差不多先生的相貌和你和我都差不多。他有一双眼睛，但看得不很清楚；有两只耳朵，但听得不很分明；有鼻子和嘴，但他对于气味和口味都不很讲究。他的脑子也不小，但他的记性却不很精明，他的思想也不很细密。

他常常说："凡事只要差不多，就好了。何必太精明呢？"

他小的时候，他妈叫他去买红糖，他买了白糖回来。他妈骂他，他摇摇头说："红糖白糖不是差不多吗？"

他在学堂的时候，先生问他："直隶省的西边是哪一省？"他说是陕西。先生说："错了。是山西，不是陕西。"他说："陕西同山西，不是差不多吗？"

后来他在一个钱铺里做伙计。他也会写，也会算，只是总不会精细。十字常常写成千字，千字常常写成十字。掌柜的生气了，常常骂他。他只是笑嘻嘻地赔小心道："千字比十字只多一小撇，不是差不多吗？"

有一天，他为了一件要紧的事，要搭火车到上海去。他从从容容地走到火车站,迟了两分钟,火车已开走了。他白瞪着眼,望着远远的火车上的煤烟,摇摇头道:"只好明天再走了,今天走同明天走,也还差不多。可是火车公司未免太认真了。八点三十分开,同八点三十二分开,不是差不多吗?"他一面说,一面慢慢地走回家。心里总不明白为什么火车不肯等他两分钟。

有一天,他忽然得了急病,赶快叫家人去请东街的汪医生。那家人急急忙忙地跑去,一时寻不着东街的汪大夫,却把西街牛医王大夫请来了。差不多先生病在床上,知道寻错了人;但病急了,身上痛苦,心里焦急,等不得了,心里想道:"好在王大夫同汪大夫也差不多,让他试试看罢。"于是这位牛医王大夫走近床前,用医牛的法子给差不多先生治病。不上一点钟,差不多先生就一命呜呼了。

差不多先生差不多要死的时候,一口气断断续续地说道:"活人同死人也差……差……差不多,……凡事只要……差……差……不多……就……好了,……何……何……必……太……太认真呢?"他说完了这句格言,方才绝气了。

他死后,大家都很称赞差不多先生样样事情看得破,想得通;大家都说他一生不肯认真,不肯算账,不肯计较,真是一位有德行的人。于是大家给他取个死后的法号,叫他做圆通大师。

他的名誉越传越远,越久越大。无数无数的人都学他的榜样。于是人人都成了一个差不多先生。——然而中国从此就成为一个懒人国了。

底气

工程师的人生观

究竟什么算是工程师的哲学呢？什么算是工程师的人生观呢？因为时间很短，我当然不能把这个大的题目讲得满意，只是提出几点意思，给现在的工程师同将来的工程师作个参考。法国从前有一位科学家柏格生（Bergson）说："人是制器的动物。"过去有许多人说："人是有效力的动物。"也有许多人说："人是理智的动物。"而柏格生说："人是能够制造器具的动物。"这个初造器具的动物，是工程师的老祖宗。什么叫做工程师呢？工程师的作用，在能够找出自然界的利益，强迫自然世界把它的利益一个一个贡献出来；就是改造自然、征服自然、控制自然，以减除人的痛苦，增加人的幸福。这是工程师哲学的简单说法。

大家都承认：学做工程师的，每天在课堂里面上应该上的课，在试验室里面作应该作的试验，也许忽略了最大的目标，或者忽略了真正的基本——工程师的人生观。所以这个题目，是值得我们考虑的。

昨天在工学院教授座谈会中，我说：我到了六十二岁，还不知道我专门学的什么。起初学农；以后弄弄文学，弄弄哲学，弄弄历史；现在搞《水经注》，人家说我改弄地理。也许六十五岁以后七十岁的时候，说不定要到工学院做学生；只怕工学院的先生们不愿意收一个老学徒，说"老狗教不会新把戏"。今天在工学院做学生不够资格的人,要来谈谈现在的工程师同将来的工程师的人生观,实属狂妄,就是,有点大胆。不过我觉得我这个意思,值得提出来说说。人是能够制造器具的动物,别的动物,也有能够制造东西的,譬如:蜘蛛能够制造网,蜜蜂能够制造蜜糖,珊瑚虫能够制造珊瑚岛。而我们人同这些动物之所以不同,就是蜘蛛制造网的丝,是从肚子里出来的,它肚子里有无穷无尽的丝;蜜蜂采取百花,经一番制造,做成的确比原料高明的蜜糖;这些动物,可算是工程师;但是它的范围,它用的,只是它自己的本能。珊瑚虫能够做成很大的珊瑚岛,也是本能的。人,如果只靠他的本能,讲起来也是有限得很的!人与蜘蛛、蜜蜂、珊瑚虫所以不同,是在他充分运用聪明才智,揭发自然的秘密,来改造自然,征服自然,控制自然。控制自然,为的是什么呢?不是像蜘蛛制网,为的捕虫子来吃;人的控制自然,为的是要减轻人的劳苦,减除人的痛苦,增加人的幸福,使人类的生活格外的丰富,格外有意义。这是"科学与工业的文化"的哲学。我觉得柏格生这个"人"的定义,同我们刚才简单讲的工程师的哲学、工程师的人生观、工程师的目标,是值得我们随时想想,随时考虑的。

这个话同这个目标,不是外国来的东西,可以说是我们老祖宗在几百年,甚至几千年以前,就有了这种理想了。目前有些人提倡读经;我倒很愿意为工程师背几句经书,来说明这个理想。

人如何能控制自然,制造器具呢?人控制自然这个观念,无论东方的圣人贤人,西方的圣人贤人,都是同样有的。我现在提出我们古人的几句话,使大家知道工程师的哲学,并不是完全外来的洋货。我常常喜欢把《易经·系辞》里面几句话翻成外国文给外国人看。这几句话是:"见乃谓之象;形乃谓之器;制而用之谓之法;利用出入,民咸用之,谓之神。"看见一个意思,叫做象;把这个意象变成一种东西——形,叫做器;大规模的制造出来，叫做法；老百姓用工程师制造出来的这些器具，都说好呀！好呀！但是不晓得这器具是从一种意象来的，所以看见工程师便叫做神。

希腊神话，说火是从天上偷来的；中国历史上发明火的燧人氏被称为古帝之一——神。火，是一个大发明。发明火的人，是一个大工程师。我刚才所举《易经·系辞》，从一个观念——意象——造成器具，这个意思，是了不得的。人类历史上所谓文化的进步，完全在制造器具的进步。文化的时代，是照工程师的成绩划分的。人类第一发明是火；大体说来，火的发现是文化的开始。下去为石器时代。无论旧石器时代，新石器时代，都是人类用智慧把石头造成功器具的时候。再下去为青铜器时代。用铜制造器具，这是工程师最大的贡献。再下去为铁的时代。这是一个大的革命。后来把铁炼成钢。再下去发明蒸汽机，为蒸汽机时代。再下去运用电力，为电力的时代；现在为原子能时代：这都是制器的大进步。每一个大时代，都只是制器的原料与动力的大革命。从发明火以后，石器时代、铜器时代、铁器时代、电力时代、原子能时代；这些文化的阶段，都是依工程师所创造划分的。

这种理想，中国历史上早就有了的。工学院水工试验室要我写字，我写了两句话。这两句话，是《荀子·天论》篇里面的。《荀子·天论》篇，是中国古代了不得的哲学，也就是西方柏格生征服自然，以为人用的思想。《荀子·天论》篇说："从天而颂之，孰与制天命而用之？大天而思之，孰与物蓄而制裁之？"这个文字，依照清代学者校勘，稍须改动。但意思没有改动。"从天而颂之"，是说服从自然。"从天而颂之，孰与制天命而用之？"两句话联起来说，意思是：跟着自然走而歌颂，不如控制自然来用。"大天而思之"，是问自然是怎样来的。"大天而思之，孰与物蓄而制裁之？"是说：问自然从哪里来的，不如把自然看成一种东西，养它、制裁它。把自然控制来用，中国思想史上只有荀子才说得这样彻底。从这两句话，也可以看出中国在两千二三百年前，就有控制天命——古人所谓天命，就是自然——把天命看作一种东西来用的思想。

"穷理致知"四个字，是代表七八百年前——十一世纪到十二世纪——宋朝的思想的。宋代程子、朱子提倡格物——穷理——的哲学。什么叫做"格物"呢？这有七十几种说法。今天我们不去研究这些说法。照程子、朱子的解释，"格物"是"即物而穷其理。……即凡天下之物，莫不因其已知之理而益穷之，以求至乎其极"。这样的格物致知，可以扩大人的知识。程子说，"今天格一物，明天格一物，习而久之，自然贯通"。有人以范围问他；他说，"上自天地之高大，下至一草一木，都要格的。"这个范围，就是科学的范围，工程师的范围。

两千二三百年前，荀子就有"制天命而用之"的思想；七八百年前，程子、朱子就有格物——穷理——的哲学。这是科学的哲学，可算是工程师的哲学。我们老祖宗有这样好的思想、哲学，为什么不能做到科学工业的文化呢？简单一句话，我们不幸得很，二千五百年以前的时候，已经走上了自然主义的哲学一条路了。像《老子》、《庄子》，以及更后的《淮南子》，都是代表自然主义思想的。这种自然主义的哲学发达得太早，而自然科学与工业发达得太迟：这是中国思想史的大缺点。

刚才讲的，人是用智慧制造器具的动物。这样，人就要天天同自然界接触，天天动手动脚的，抓住实物，把实物来玩，或者打碎它，煮它，烧它。玩来玩去，就可以发现新的东西，走上科学工业的一条路。比方"豆腐"，就是把豆子磨细，用其他的东西来点、来试验；一次、二次，……经过许多次的试验，结果点成浆，做成功豆腐；做成功豆腐还不够，还要做豆腐干、豆腐乳。

豆腐的做成，很显然的，是与自然界接触，动手、动脚、多方试验的结果，不是对自然界看看，想想，或作一首诗恭维自然界就行了的。

顶好一个例子，是格物哲学到了明朝的一个故事。明朝有一位大哲学家王阳明，他说，"照程子、朱子的说法，要做圣人，要'即物而穷其理'。'即物穷理'，你们没有试验过，我王阳明试验过了。"有一天，他同一位姓钱的朋友研究格物，并由钱先生动手格竹子；拿一个凳子坐在竹子旁边望，望了三天三夜，格不出来，病了。王阳明说："你不够做圣人，我来格。"也端把椅子对着竹子望；望了一天一夜，两天两夜，……到了七天七夜，王阳明也格不出来，病了。于是王阳明说："我们不配作圣人；不能格物。"从这个故事，可以看出传统的不动手动脚，拿天然实物来玩的习惯。今天工学院植物系的学生格竹子，是要把竹子劈开，用显微镜来细细地看，再加上颜色的水，做各种的试验，然后就可以判定竹子在工业上的地位。为什么王阳明格不出来，今天的工程师可以格出来？因王阳明没有动手动脚做器具的习惯，今天的工程师有动手动脚做器具的习惯。荀子"制天命而用之"的哲学，终敌不过老子、庄子"错人而思天"的哲学。故程、朱的格物穷理的思想，终不能应用到自然界的实物上去，至多只能在"读书"上（文史的研究上）发生了一点功效。

今天送给各位工程师哲学的人生观，又约略讲了讲我们老祖宗为什么失败；为什么有了这样好的征服天然的理想，穷理致知的哲学，而没有造成功科学文化、工业文化。我们可以了解我们老祖宗让西方人赶上去了。同时，从西方人后来实现了我们老祖宗的理想，我们亦就可以知道，只要振作，是可以迎头赶上的。我们只要二十年三十年的努力，就可以同世界上科学工业发达的国家站在一样的地位。

二十年前,中国科学社要我作一个《社歌》;后来请赵元任先生作了乐谱。今天我把这个东西送给各位工程师。这个《社歌》,一共三段十二句。

我们不崇拜自然。他是一个刁钻古怪;
我们要捶他、煮他,要叫他听我们的指派。
我们要他给我们推车;我们要他给我们送信。
我们要揭穿他的秘密,好叫他服侍我们人。
我们唱天行有常;我们唱致知穷理。
明知道真理无穷,进一寸有一寸的欢喜。

报业的真精神

——台北市报业公会欢迎会上讲词

我自从在国内做学生，留学国外，以迄现在三四十年来，几乎年年与报界发生关系，至少与杂志社未曾断绝过关系。这几年来，我是《自由中国》杂志社名义上的发行人，所以我与各位仍是同业。

我做学生时便开始办报，十六七岁主办《竞业旬刊》（罗家伦先生最近在"中国国民党党史编纂委员会"发现保存有该刊），一个人包办整个篇幅，用了很多的假名。外国留学时，也常常翻译小说，写写散文一类的文章向报纸杂志投稿，赡家养母。后来与《新青年》杂志发生了重要关系，许多文章都在《新青年》发表，其中几篇是谈文学改革问题的，说到将来中国文学应该用什么文字作工具。那时我不过二十多岁，文学改革的文章，是在大学宿舍里与一班朋友们讨论的结果，想不到竟引起国内老一辈的中年朋友们的赞同和支持。在我没有回国时（1916年—1917年），国内文学革命的旗帜已经打了起来，白话运动弥漫全国，报纸杂志都热烈讨论，以后我也常常参加。继《新青年》之后，我加入了陈独秀、李大钊所办的《每周评论》。那时我有一个主张，认为我们要替将来中国奠定非政治的文化基础，自己应有一种禁约，不谈政治，不参加政治，不与现实政治发生关系，专从文学和思想两方着手，做一个纯粹的思想文化运动。所以我从那个时候起二十年不谈政治，不干政治，这是我自己的禁约。可是一班朋友说，"适之不谈政治，我们要谈政治"，所以1919年先慈去世，我奔丧回安徽，他们以《新青年》不谈政治，另办一个周刊——《每周评论》，过过瘾。等我回北京，已经出刊几期了。1919年陈独秀被捕，《每周评论》无人主持，便由我接办，直到北京警察厅查封为止。后来又办《努力周报》，办了一年半，出刊七十五期。《努力周报》，是谈政治的报。以前我们是不谈政治的，结果政治逼人来谈。后来只是不干政治，正如穆罕默德不朝山，山朝穆罕默德一样，把二十年不谈政治的禁约放弃了。不过二十年不干政治的禁约，至少我个人做到了。抗战时期政府征调国民服务，先要我到美国去做非正式的国民外交，继派我为驻美大使，做了四年的外交官，这是我立禁约的第二十一年，可算已超出于二十年不干政治的期限，坚守住了二十年不干政治的禁约。

我与日报的关系是常替天津《大公报》写文章，《大公报》的"星期论文"就是我替张季鸾先生、胡政之先生计划的，请《大公报》以外的作家每星期写一篇文章，日程也多由我代为排定。这样，报馆的主笔先生每周至少有一天休息。这种方式旋为国内各报所采用。我认为办报只要采取锲而不舍的精神，用公平态度去批评社会、教育、文化、政治，有毅力地继续不断地努力做去，终是有效的。佛教《法华经》有一句话，"功不唐捐"（"唐"古白话"空"字），意思说，努力是不白费的。

譬如提倡中国文学白话运动，原是偶然的，我在文艺协会座谈会说过。1915年，康奈尔大学中国留学生的男同学欢迎一位中国女同学，餐后泛舟游凯约嘉湖。忽然天气骤变，乌云四布，大家急于回来，但船将靠岸，暴风雨已经发作，大家匆忙上岸，小船竟翻了，幸而没有发生事情，不过大家的衣服都弄湿了。男同学中的任叔永先生事后寄了一首旧诗给我（我那时在哥伦比亚大学），题名"凯约嘉湖覆舟"。游湖、遇雨、覆舟、写诗，这些都是偶然发生的；我看了那首旧诗，也偶然地产生了一种感想，觉得诗的意思很好，但用字不划一，有今字，有《诗经》里的古字。《诗经》里的古字，是两千年前死了的字，已不适用于今天了，我随即复了一封批评的信。这封信又偶然给哈佛大学守旧的梅光迪先生看见了，很生气地骂我的批评是邪说。我为替自己的主张辩护，便到处搜集材料证据，来证明中国文学应该用活的语言文字，应该用白话，不论是写文章和作诗，便在《新青年》发表《文学改良刍议》，提出八条意见。陈独秀先生是主张革命的，继我而发表了《文学革命论》（"文学革命"的名词便是由此而来），这样一来，文学革命的旗帜已经展出来了，"伸头一刀，缩头也是一刀"，只好硬着头支撑起来。

当时，我们认为我们的思想主张必为将来中国的教育工具和一切的文学工具。白话可以写诗，可以写散文。小说、韵文，不仅可以写通俗的诗词韵文，并且可以写高深的诗词韵文。小说用白话写，在数百年前已经有伟大的小说如《七侠五义》、《西游记》、《封神榜》等可作证据；诗词方面，历史上大诗人所作的诗，凡是易于记诵的，都是白话文。关于这一点，许多人还是不肯信服，认为古人的诗有白话是偶然的。我为此于1916年7月16日写信告诉朋友们说，从即日起我不作诗了，要作诗就是白话诗。1917年元旦，我把这个主张同时发表在国内的《新青年》和美国留学生办的季刊上。我们当时曾细细想过：文学革命运动是对的，但一定会有人反对，一定会遇到阻碍，我们准备奋斗二十五年至三十年，相信一定可以成功。因为所有现代国家都经过了文学革命的阶段，如五百年前的西欧是用拉丁文，东欧是用希腊文，先由意大利发动文学革命，提倡用白话，以后法、德、英国，整个欧洲，一个个地都用新的活的语文，所以我们认定我们的主张必会成功。结果出人意料，原拟奋斗二十五年至三十年的，只做了四年工夫（1917年—1920年）时机便成熟了。1920年北京的反动政府教育部也受了舆论的震动，没有法子拒绝，颁布了初级小学三年级的教材用白话文来编。殊不知学校制度是有机体的，一二年级教材用白话文，三四年级教材也就不能不用白话文了，这样白话文便打进了学校。

1919年的五四运动，是爱国运动，全国学生为响应这一运动，出版了四百多种刊物，都是篇幅很小，有些像包脚布，也有油印的壁报，但全部是用的白话。这是一班青年感觉北大这班教授提倡的白话一点不错，采用为发言的工具了，用不着我们开学堂来训练，只要把想说的话放胆地写出来就行了。大家看《红楼梦》、《水浒传》等小说，就是学习写白话的模范，用不着再找教师。以我的经验，中国的白话，是最容易的一种语言工具，可以无师自通，几百年来的老祖宗，给了我们许多的教材。同时我觉得中国的语言，是全世界最容易学、最容易说的语言；文法上没有性的区别，没有数量的区别，也没有时间的区别。你来、他来、我去、你去，没有变化；他昨天来（过去的）、今天来（现在的）、明天来（将来的），没有变化。话怎么说，文章便怎么写。所以五四运动，各地青年学生要发表思想情感，无师自通的工具——白话文便自然地产生出来了，使北京政府教育部不得不接受这一运动，不得不颁布小学一、二年级教科书改用白话文来编。跟着，新诗、新的散文小品文、新的戏剧、新的短篇小说、长篇小说、新闻短评、长论文，都出来了。我们预备奋斗二十五年至三十年的，想不到四年工夫，我们便胜利了。

我们应该相信，我们这一行业——报业，确是无冕帝王，我们是有力量的，我们的笔是有力量的。只要我们对这一行业有信心，只要我们的主张是站得住的，有材料，有证据，不为私，是为公，以公平的态度锲而不舍地努力下去，"功不唐捐"，努力是不会白费的。提倡白话文运动，四年小成，十年大成，终于普及全国，这就是一个证明。

当此国家多难，时局动荡激烈，全世界也陷于危机的时候，报业当然也遇上了困难。今日《自由中国》只有十三份报纸，公营民营报纸经营都有困难，只要靠配给，并受人口的影响，销路不多，商业不发达，登广告的少。这些困难，我一看便知道，我很同情。不过，我们干这一行的，应该有一种信仰，要相信"功不唐捐"，努力是不白费的。我们贯彻一种主义，预定十年，也许三五年便发生了效果。我们不必悲观失望，不必求速效，我们的职务是改变人的思想习惯，改变思想习惯就是改变人的作风。思想习惯都是守旧的、难得改的，可是久而久之潜移默化，不知不觉中会发生效果。这类的事，我这过了六十二岁的人，是见过很多的。如当年梁启超先生在海外办《新民丛报》，倡导维新，竟至影响了国内全国的政治社会！革命的前辈在海外办《民报》，鼓吹革命，清政府禁止其运入国内，许多留学生却将《民报》缝入枕头，偷偷地运回国内秘密传观。流行的数量这样的少，可是几年中全国青年人接受了革命的思想，促成革命的成功，这是孙中山先生所梦想不到的！他们远在海外，以少数几个人的力量，凭着胆量勇气，提倡理想的主张，在短时期内，便震动全国，证明报业是有力量，足以自夸的高贵的职业。我们看一看六十年的中国历史，可以知道中国以前的报馆是可怜得很，少数几个人包办一切，几张破桌椅，便算设备，哪有现在的人才济济，更没有这样阔绰的"记者之家"，可以在工作之余，来喝茶"白相"。

刚才谈到报纸的广告少，这是不能怪商人不懂广告效用，不明广告价值，不送广告来登，广告是要靠报馆提倡，要靠自己去找的。美国广告的发达，也不过是数十年的历史。美国克蒂斯出版公司出版三种报纸杂志——《星期六邮报》、《妇女与家庭》杂志和《乡下人》，他们先是推广报纸杂志的销路，再全力宣传广告效用，派人出去招揽广告。结果，业务蒸蒸日上，极一时之盛。近代广告的演进，渐渐成了广告学，甚至广告心理学，用广告来引起人的欲望，引起购买的动机，向人们展开攻势，争取广告。大家如果能够研究用策略战略去争取广告，我敢担保广告一定会发达。我下次来的时候，台湾各报的广告，必有可观的成绩。广告成为美国的宠儿，就是美国人懂得广告心理，在中国的都市中广告比较发达的是上海，而上海最初懂得利用广告的是中法药房创办人黄楚九。黄楚九懂得广告心理学，他制售补脑汁，不说是他自己发明的黄医生补脑汁，而说是德国艾罗医生的发明，以加强购买者的信心。所谓艾罗即英文的 Yellow。这种做法，当然是不足为法的，但是做广告要懂得心理学，这里可以得到一个证明。由于黄楚九懂得运用广告，广告在上海才引人注意。在台湾，大家不妨现在就发起一种广告运动，凭了各位先生、各位小姐的才干，广告一定能够打开局面，报业一定能够大发达。我向来是乐观的。朋友们都说我是不可救药的乐观主义者，今天我也就是以不可救药的乐观主义者和大家讲话，诸位不妨发起一两种小运动来试试看，我相信必会有圆满的收获。

谨以"功不唐捐"作为"记者之家"的格言。

大宇宙中谈博爱

"博爱"就是爱一切人。这题目范围很大。在未讨论以前,让我们先看一个问题:"我们的世界有多大?"

我的答复是"很大!"我从前念《千字文》的时候,一开头便已念到这样的辞句:"天地玄黄,宇宙洪荒。"宇宙是中国的字,和英文的 universe, world 意思差不多,都是抽象名词。宇是空间(space)即东南西北,宙是时间(time)即古今旦暮。《淮南子》说宇是上下四方,宙是古往今来。宇宙就是天地,宇宙就是 time-space。古人能得"universe"的观念实在不易,相当合于今日的科学。但古人所见的空间很小,时间很短,现在的观念已扩大了许多。考古学探讨千万年的事,地质学、古生物学、天文学等等不断地发现,更将时间空间的观念扩大。现在的看法:空间是无穷的大,时间是无穷的长。

古人只见到八大行星,二十年前只见九大行星。现在所谓的银河,是古代所未能想象得到的。以前觉得太阳很远,现在说起来算不得什么,因为比太阳远千万倍的东西多得很。

科学就这样地答复了"宇宙究竟有多大?"这个问题。

现在谈第二点:博爱。

在这个大世界里谈博爱,真是个大问题。广义的爱,是世界各大宗教的最终目的。墨子可谓中国历史上最了不起的人,可说是宗教创立者（founder of religion），他提出"兼爱"为他的理论中心。兼爱就是博爱，是爱无等差的爱。墨子理论和基督教教义有很多相合的地方，如"爱人如己"、"爱我们的仇敌"等。

佛教哲学本谓一切无常，我亦无常，"我"是"四大"（土、水、火、风）偶然结合而成的，是十分简单的东西，因此无所谓爱与恨——根本不值得爱，也不值得恨。但早期佛教亦有爱的意念在：我既无常，可牺牲以为人。

和尚爱众生，但是佛教不准自食其力，所以有人称之为"叫化"（乞丐）宗教。自己的饭亦须取之于人，何能博爱？

古时很多人为了"爱"，每次蹲坑（大便）的时候便想，想，大想一番，想到爱人。有些人则以身喂蚊，或以刀割肉，以自身所受的痛苦来显示他们对人的爱。

这种爱的方法，只能做到牺牲自己，在现代的眼光看来，是可笑的。这种博爱给人的帮助十分有限，与现代的科学——工程、医学等所能给我们的"博爱"比起来，力量实在小得可怜。今日的科学增进了人类互助博爱的能力。就说最近意大利邮船 Andrea Doria 号遇难的事吧，短短的数小时内就救起千多人。近代交通、医学等的发达，减少了人类无数的痛苦。

我们要谈博爱，一定要换一观念。古时那种喂蚊割肉的博爱，等于开空头支票，毫无价值。现在的科学才能放大我们的眼光，促进我们的同情心，增加我们助人的能力。我们需要一种以科学为基础的博爱——一种实际的博爱。

孔子说："修己以敬，修己以安人，修己以安百姓。"修己就是把自己弄好。我们应当先把自己弄好，然后帮助别人；独善其身然后能兼善天下。同学们，现在我们读书的时候，不要空谈高唱博爱；但应先努力学习，充实自己，到我们有充分能力的时候才谈博爱，仍不算迟。

新闻记者的修养

做一个新闻记者，不但要有广泛的无所不知的知识，同时在学术上、道德上也应该有相当的修养。特别是未来的新闻记者，要多看侦探小说。

我们中国文学的唯一的缺点，就是没有翻译得最好的侦探小说。现在有许多报纸都刊武侠小说，许多人也看武侠小说，其实武侠小说实在是最下流的。侦探小说是提倡科学精神的，没有一篇侦探小说，不是用一种科学的方法去求证一件事实的真相的。希望同学们能多看"福尔摩斯"一类的良好的侦探小说，不但可以学好文学与英法等外国文字，同时也是学习使用科学方法的最好训练。

明朝一位大哲学家吕坤，是十七世纪一位很有地位的思想家。他曾经这样说过："为人辩冤白谤，是第一天理。"他的这句话在今天仍有许多人提到它。当一个新闻记者，不论在任何一个国家，都有这一种替人"辩冤白谤"的责任。这是一件很大的事。也是一种很重要的修养，尤其是在今天我国警察、司法、军法各方面尚在比较幼稚的时候，责无旁贷的，我们当一位新闻记者的，都应该有此义务。

我今天要讲两个故事，来说明"为人辩冤白谤"的意义。这两个故事是两个有名的案件。第一个案件是最近出版的美联社及芝加哥《太阳报》记者勃雷纳（Brennan）所写的《被偷去的年龄》（The Stolen Years）一书中所说的案件，第二个案件是轰动全世界的，连《大英百科全书》中部有详细记载的兑夫司（Dreyfus）案件。

关于第一个案件，那是1933年的事。那时勃雷纳才二十五岁，在那个时候，芝加哥发生了一个离奇的绑票案，一个名叫法克脱（Factor）的大流氓自称被绑，并且被关在一个地窖子里十二天，一直到缴了钱才放出来。他这些话是对警察与新闻记者说的。他说这话时勃雷纳也在场。勃雷纳当时听了法克脱的话，就觉得有点奇怪——一个被关在地窖子里十二天的人，怎么衣服都那么整齐，没有丝毫皱纹，同时他又听到一个警察在说，芝加哥天气这么热，怎么他的身上没有臭气。勃雷纳把这两件事记在心上。后来，那个自称被绑的大流氓法克脱指认另一个大流氓杜希（Jouhy）是绑他的人。这案子便开庭审了好几次，同时警察当局又派一名专家调查此事。

当年芝加哥的警察很腐败，暗中与流氓恶势力勾结，因而那位被派的专家也是一个流氓，他是一个包庇赌博发大财的人，人家说他是世界上最有钱的警察。这个案子本来是流氓消灭敌人的一种手段，杜希原是被冤枉的，可是审判结果，他被判了徒刑九十九年。勃雷纳自从法克脱自称被绑的那天起，就开始注意此事。杜希判罪之后他便时常去狱中看他，与他谈天，并把他的谈话做成纪录，并替他找证据，因为他觉得杜希是冤枉的，勃雷纳自从1933年以来经过二十七年的努力，社会终于注意到这件案子，到今年11月这位被冤枉了很久的杜希终于被保释了。

同时，勃雷纳的书《被偷去的年龄》也于同日出版，在这本书里，勃雷纳指出两点，一点是当审问时法克脱几次改变他自己的供词；另一点是在检察官司提出的证人之中，有一个在绑架的十二天之中，并没有在芝加哥，他是一个伪证。勃雷纳说："人问我为什么要给一个流氓作辩护。"我对他们说："你们看看这个可怜的人，他从没有机会把他的案子向大家申诉。我做这件事，得到的我个人自觉满意是你们想象不到。"

第二个案件，是法国与德国的世仇。1871年法国与普鲁士战争失败，割地赔款求和之后，双方间谍与反间谍工作，活跃得非常厉害。1894年法国有一个生活放荡沉湎酒色的军人，名字叫做爱司特哈士（Esterhazy），他与德国大使馆陆军武官勾结，把自己国家的机密文件偷偷地卖给德国，但不巧他的那张出卖的各种文件的清单又被法国在德国大使馆做反间谍的人员拿到。经过一番研究与秘密调查之后，终于疑心到一个完全没有关系的无辜的犹太人身上。这个犹太人名字叫做兑夫司，他是炮兵上尉，在陆军部工作。由于他的笔迹与那张清单上有点像，并经笔迹专家判断，虽然有的说是他的，有的说不是他的，他终于被认定算做他的，于是他在1894年11月15日被捕了，在军事法庭审问的时候，虽然他始终坚持是无辜的，而军部的证据又是那么的薄弱，仅仅那一件无名的单子和笔迹专家的证明；可是陆军情报局要成立他的罪名，捏造了许多秘密证件，军事法庭终于在同年12月22日宣判了他犯了卖国的叛逆大罪，送他到一个警务区域去终身监禁。1895年3月又被送往南美北岸法属魔鬼岛去监禁。

对于兑夫司的判罪，他的家人与朋友都相信他是无罪的，但是他们没有证据，无法请求复审。但不久有位情报局的官员卞开纳上校（Col. Pieqner）在1896年却发现了一个德国大使馆的武官写信给法国陆军少校爱司特哈士的信稿，这写稿虽是撕碎了，但显然他证明了法国陆军部里有人被德国雇用，于是他便开始侦查，很快地就查知爱司特哈士的一切，并经核对笔迹的结果，证明了军事法庭原有的"单子"的笔迹正是他的。卞开纳把这事报告参谋部总长与次长，但那些大官不愿意重开审判，因此就禁止他继续进行调查，同时还把他调往非洲。卞开纳在去非洲之前把这事告诉了他的一位朋友，他是一位律师。这位朋友又把这事告诉了当年法国上议院的副议长，他们都相信兑夫司是无罪的。

1897年兑夫司的哥哥也发现那单子上的笔迹是爱司特哈士的，他就向陆军部正式控告，但参谋部不愿意认此大错。军事法庭开审结果，爱司特哈士无罪。卞开纳被捕下狱。法国的舆论界成为两派：一派说袒护兑夫司这个卖国贼的就是卖国贼，另一派是知识分子，他们在报纸上为兑夫司打抱不平，最著名的是《晨光报》上的克里蒙梭和《世界报》雷因拉克等。当年法国的大文豪左拉也写了一篇《我控诉》的文章，指责埋没事实，埋没真理，让有罪的人逍遥法外，使无辜的人冤沉海底。但是陆军部生气了，告了左拉一状，他被判罪了。

虽然这样，但是反对翻案的人还在继续伪造证据。陆军情报局的副局长亨利上校在1896年伪造了两封信，说是意大利驻法大使馆陆军武官写给德国驻法大使馆武官的，信里特别提到兑夫司的名字。这两封信后来在国会里宣读了，兑夫司的罪是铁定了。但是被卞开纳发表了一封给法国总理的公开信，指出了这封信是伪造的、拼凑的，结果亨利上校被捕下狱，畏罪在狱中自杀。这时候政府准了兑夫司太太的呈诉状，把全案卷送最高上诉院。

经过了几个月的密查，上诉院才宣告取消了原来的判决，才决定令军事法庭重开审判，1899年军事法庭以五票对二票表决兑夫司有犯罪嫌疑，判徒刑十年。

由于这件案子已是世界注目的案子，法庭判决震惊了整个世界，于是在9月19日，法国新总理Louber下令特赦，释放兑夫司。又过了几年到1903年，另外发现了一些新的事实，引起了新的审判要求。1906年7月12日法国最高上诉院宣判，才完全推翻

1894年的判决。政府下令恢复兑夫司的军人身份,任命他为炮兵队的少校。这案子从1894年到1906年经过了十二年,才真相大白。

由于以上两个案子,我们可以充分的看出,社会上一个人的生命与名誉,不仅是在于法官与法庭,同时有一部分是在于我们这些拿笔杆的人的手里。因此做一个新闻记者,必须要有为人"辩冤白谤"的精神。希望青年的朋友们学看侦探小说,并从现在起努力去培养为人"辩冤白谤"的修养,以达成一个新闻记者的任务。

请大家来照照镜子

美国使馆的商务参赞安诺德先生制成这三张图表：第一表是中国人口的分配表，表示中国的人口问题不在过多，而在于分配得太不均匀，在于边省的太不发达。第二表是中国和美国的经济状况、生产能力、工业状态的比较，处处叫我们照照镜子，照出我们自己的百不如人。第三表是美国在世界上占的地位，也是给我们做一面镜子用的，叫我们生一点羡慕，起一点惭愧。

去年他把这几张图表送给我看，我便力劝他在中国出版。他答应了之后，又预备了一篇长序，题目就叫做《中国问题里的几个根本问题》。他指出中国今日有三个大问题：

第一，怎样建成全国铁路的干线，使全国的各部分有一个最经济的交通机关。

第二，怎样用教育及种种节省人力、帮助人力的机器，来增加个人生产的能力。

第三，怎样养成个人对于保管事业的责任心。

这是中国今日的三个根本问题。

安诺德先生的第二表里有这些事实：

	面积（方英里）	铁道线（英里）	摩托车
中 国	4 278 000	7 000	22 000
美 国	3 743 500	250 000	22 000 000

我们的面积比美国大，但铁道线只抵得人家三十六分之一，摩托车只抵得人家一千分之一，汽车路只抵得人家一百分之一。

我们试睁开眼睛看看中国的地图。长江以南，没有一条完成的铁路干线。京汉铁路以西，三分之二以上的疆域，没有一条铁路干线。这样的国家不成一个现代国家。

前年北京开全国商会联合会，一位甘肃代表来赴会，路上走了一百零四天才到北京。这样的国家不成一个国家。

云南人要领法国护照，经过安南，方才能到上海。云南汇一百元到北京，要三百元的汇费！这样的国家决不成一个国家。

去年胡若愚同龙云在云南打仗，打得个你死我活，南京的中央政府有什么法子？现在杨森同刘湘在四川又打得个你死我活，南京的中央政府又有什么法子？这样的国家能做到统一吗？

所以现在的第一件事是造铁路。完成粤汉铁路，完成陇海铁路，赶筑川汉、川滇、宁湘等等干路，拼命实现孙中山先生十万里铁路的梦想，然后可以有统一的可能，然后可以说我们是个国家。

所以第一个大问题是怎样赶成一副最经济的交通系统。

安诺德先生的第二表里又有这点事实：

美国人每人有二十五个机械奴隶。

中国人每人只有大半个机械奴隶。

去年3月份的《大西洋月报》里，有个美国工程专家说：

美国人每人有三十个机械奴隶。

中国人每人只有一个机械奴隶。

安诺德先生说：美国人有了这些有形与无形的机械奴隶，便可以增进个人的生产能力；故从实业及经济的观点上说，美国一百十兆的人民，便可以有二十五倍至三十倍人口的经济效能了。

人家早已在海上飞了，我们还在地上爬！人家从巴黎飞到北京，只需六十三点钟；我们从甘肃到北京，要走一百零四天（二千五百点钟）！

一个英国工人每年出十二个先令（六元），他的全家便可以每晚坐在家里听无线电传来的世界最美的音乐、歌唱、演说；每晚上只费银元一分七厘而已。而我们在上海遇着紧急事，要打一个四等电报到北京，每十个字须费银元一元八角！还保不住何时能送到！

人家的砖匠上工，可以坐自己的摩托车去了；他的子女上学，可以有公家汽车接送了。我们杭州、苏州的大官上衙门还得用人作牛马！

何以有这个大区别呢？因为人家每人有三十个机械奴隶代他做工，帮他做工，而我们却得全靠赤手空拳，——我们的机械奴隶是一根扁担挑担子，四个轿夫换抬的轿子，三个车夫轮租的人力车！

我们的工人是苦力。人家的工人是许多机械奴隶的指挥官。

故第二个大问题是怎样利用机器来减除人的痛苦，增加人的生产能力，提高人的幸福。

安诺德先生是外国人，所以他对于第三个问题说得很客气，很委婉。他只说：

保管责任之观念，在华人中无论如何努力终不能确立其稳定之意义。其故盖在此偏爱亲人一点。而此点又与中国家族制度有密切关系。此弊为状不一，根深而普遍。欲将家属之责任与现代团体所负保管的责任之适当关系注入于中国人之脑中，须得千钧气力从事之。

这几句话虽然说得委婉，然而也很够使我们惭愧汗下了。

这个问题，其实只是"公私不分"四个字。古话说的，"一子成佛，一家升天。"古话又说，"一人得道，鸡犬登仙。"仙佛尚且如此，何况吃肉的官人？何况公司的经理董事？

几千年来，大家好像都不曾想想，得道成佛既是那样很艰难的事，为什么一人功行圆满之后，他们全家鸡犬也都可以跟着登天？最奇怪的就是今日的新官吏也不能打破这种旧习气。

最近招商局的一个分局的讼案便是最明显的例子。据报纸所载，一个家长做了名义上的局长，实际上却是他的子侄亲戚执行他的职务，弄得弊端百出，亏空到几十万元。到了法庭上，这位家长说他竟不知道他是局长！

招商局的全部历史，节节都是缺乏保管的责任心的好例子。我们翻开《国民政府清查整理招商局委员会报告书》，竟同看《官场现形记》一样，处处都是怪现状。上册五十九页说：

查自壬戌至丙寅最近五年内，历年亏折总额计四百三十七万余两。然总沪局每年发给员司酬劳金，五年共计二十四万五千九百九十四两。查自癸亥年来，股东未获得分文息金，乃局中员司独享此厚酬。

又六十页说：

修理费总计每年约六七十万两。……而内河厂（所承办）实居最多数，约占全额之半。查丙寅年内河厂共计修理费三十一万四千余两。……惟内河厂既系该局附属分枝机关，内部办事人员当然与该局办事者关系甚密。……曾经本会函调账籍备查，而该厂忽以账房失踪，账簿遗失呈报。内中情形不问可知矣。

这样的轻视保管的责任，便是中国的大工业与大商业所以不能发达的大原因。

怎样救济呢？安诺德先生说：

天下人性同为脆弱。社会与个人之关系愈互相错综依赖，则制定种种适当之保卫……愈为急需矣。

人性是不容易改变的，公德也不是一朝一夕造成的。故救济之道不在乎妄想人心大变，道德日高，乃在乎制定种种防弊的制度。

中国有句古话说："先小人而后君子。"先要承认人性的脆弱，方才可以期望大家做君子。故有公平的考试制度，则用人可以无私；有精密的簿记与审计，则账目可以无弊。制度的训练可以养成无私无弊的新习惯。新习惯养成之后，保管的责任心便成了当然的事了。

这是安诺德先生提出的三个大问题。

用铁路与汽车路来做到统一，用教育与机械来提高生产，用防弊制度来打倒贪污：这才是革命，这才是建设。

但依我看来，要解决这三个大问题，必须先有一番心理的建设。所谓心理的建设，并不仅仅是孙中山先生所谓"知难行易"的学说，只是一种新觉悟，一种新心理。

这种急需的新觉悟就是我们自己要认错。我们必须承认我们自己百事不如人，不但物质上不如人，不但机械上不如人，并且政治社会道德都不如人。

何以百事不如人呢？

不要尽说是帝国主义者害了我们，那是我们自己欺骗自己的话！我们要睁开眼睛看看日本近六十年的历史，试想想何以帝国主义的侵略压不住日本的发愤自强？何以不平等条约捆不住日本的自由发展？

何以我们跌倒了便爬不起来呢？

因为我们从不曾悔祸，从不曾彻底痛责自己，从不曾彻底认错。二三十年前，居然有点悔悟了，所以有许多谴责小说出来，暴扬我们自己官场的黑暗、社会的卑污、家庭的冷酷。十余年来，也还有一些人肯攻击中国的旧文学、旧思想、旧道德宗教，——肯承认西洋的精神文明远胜于我们自己。但现在这一点点悔悟的风气都消灭了。现在中国全部弥漫着一股夸大狂的空气：义和团都成了应该崇拜的英雄志士，而西洋文明只须"帝国主义"四个字便可轻轻抹煞！政府下令提倡旧礼教，而新少年高呼"打倒文化侵略！"

我们全不肯认错。不肯认错，便事事责人，而不肯责己。

我们到今日还迷信口号标语可以打倒帝国主义。我们到今日还迷信不学无术可以统治国家。我们到今日还不肯低头去学人家治人富国的组织与方法。

所以我说，今日的第一要务是要造一种新的心理：要肯认错，要大彻大悟地承认我们自己百不如人。

第二步便是死心塌地地去学人家。老实说，我们不须怕模仿。"学之为言效也"，这是朱子的老话。学画的，学琴的，都要跟别人学起；学得纯熟了，个性才会出来，天才才会出来。

一个现代国家不是一堆昏庸老朽的头脑造得成的，也不是口号标语喊得出来的。我们必须学人家怎样用铁轨、汽车、电线、飞机、无线电，把血脉贯通，把肢体变活，把国家统一起来。我们必须学人家怎样用教育来打倒愚昧，用实业来打倒贫穷，用机械来征服自然，抬高人的能力与幸福。我们必须学人家怎样用种种防弊的制度来经营商业，办理工业，整理国家政治。

只要我们有决心，这三个大问题都容易解决。譬如粤汉铁路还缺二百八十英里，约需六千万元才造得起。多少年来，我们都说这六千万元哪里去筹。然而国民政府在这一年之中便发了近一万万元的公债，不但够完成粤汉铁路，还可以造大铁桥贯通武昌汉口了。

义务教育办不成，也只因经费没有。然而今日全国各方面每天至少要用一百万元的军费（这是财政部次长的估计）。一个国家肯用三万六千万元一年的军费，而不能给全国儿童两年至四年的义务教育，这是不能呢？还是不肯呢？

所以我们应该感谢安诺德先生，感谢他给我们几面好镜子，让我们照见自己的丑态，更感谢他肯对我们说许多老实话，教我们生点愧悔，引起我们一点向上的决心。

　　我很盼望我们不至于辜负了他这一番友谊的忠告。

领袖人才的来源

北京大学教授孟森先生前天寄了一篇文字来,题目是论"士大夫"(见《独立》第十二期)。他下的定义是:

"士大夫"者,以自然人为国负责,行事有权,败事有罪,无神圣之保障,为诛殛所可加者也。

虽然孟先生说的"士大夫",从狭义上说,好像是限于政治上负大责任的领袖,然而他又包括孟子说的"天民"一级不得位而有绝大影响的人物,所以我们可以说,若用现在的名词,孟先生文中所谓"士大夫"应该可以叫做"领袖人物",省称为"领袖"。孟先生的文章是他和我的一席谈话引出来的,我读了忍不住想引申他的意思,讨论这个领袖人才的问题。

孟先生此文的言外之意是叹息近世居领袖地位的人缺乏真领袖的人格风度,既抛弃了古代"士大夫"的风范,又不知道外国的"士大夫"的流风遗韵,所以成了一种不足表率人群的领袖。他发愿要搜集中国古来的士大夫人格可以做后人模范的,做一部《士大夫集传》;他又希望有人搜集外国士大夫的精华,做一部《外国模范人物集传》。这都是很应该做的工作,也许是很有效用的教育材料。我们知道《新约》里的几种耶稣传记影响了无数人的人格;我们知道布鲁达克(Plutarch)的英雄传影响了后世许多的人物。欧洲的传记文学发达的最完备,历史上重要人物都有很详细的传记，往往有一篇传记长至几十万言的，也往往有一个人的传记多至几十种的。这种传记的翻译，倘使有审慎的选择和忠实明畅的译笔，应该可以使我们多知道一点西洋的领袖人物的嘉言懿行，间接地可以使我们对于西方民族的生活方式得一点具体的了解。

中国的传记文学太不发达了，所以中国的历史人物往往只靠一些干燥枯窘的碑版文字或史家列传流传下来；很少的传记材料是可信的，可读的已很少了；至于可歌可泣的传记，可说是绝对没有。我们对于古代大人物的认识，往往只全靠一些很零碎的轶事琐闻。然而我至今还记得我做小孩子时代读的朱子《小学》里面记载的几个可爱的人物，如汲黯、陶渊明之流。朱子记陶渊明，只记他做县令时送一个长工给他儿子，附去一封家信，说："此亦人子也，可善遇之。"这寥寥九个字的家书，印在脑子里，也颇有很深刻的效力，使我三十年来不敢轻用一句暴戾的辞气对待那帮我做事的人。这一个小小例子可以使我承认模范人物的传记，无论如何不详细，只须剪裁得得当，描写得生动，也未尝不可以做少年人的良好教育材料，也未尝不可介绍一点做人的风范。

但是传记文学的贫乏与忽略，都不够解释为什么近世中国的领袖人物这样稀少而又不高明。领袖的人才决不是光靠几本《士大夫集传》就能铸造成功的。"士大夫"的稀少，只是因为"士大夫"在古代社会里自成一个阶级，而这个阶级久已不存在了。在南北朝的晚期，颜之推说：

吾观《礼经》，圣人之教，箕帚匕箸，咳唾唯诺，执烛沃盥，皆有节文，亦为至矣。但《礼经》既残缺非复全书，其有所不载，及世事变改者，学达君子自为节度，相承行之。故世号"士大夫风操"。而家门颇有不同，所见互称长短。然其阡陌亦自可知。（《颜氏家训·风操》第六）

在那个时代，虽然经过了魏、晋旷达风气的解放，虽然经过了多少战祸的摧毁，"士大夫"的阶级还没有完全毁灭，一些名门望族都竭力维持他们的门阀。帝王的威权、外族的压迫，终不能完全消灭这门阀自卫的阶级观念。门阀的争存不全靠声势的煊赫，子孙的贵盛。他们所倚靠的是那"士大夫风操"，即是那个士大夫阶级所用来律己律人的生活典型。即如颜氏一家，遭遇亡国之祸，流徙异地，然而颜之推所最关心的还是"整齐门内，提撕子孙"，所以他著作家训，留作他家子孙的典则。隋、唐以后，门阀的自尊还能维持这"士大夫风操"至几百年之久。我们看唐朝柳氏和宋朝吕氏、司马氏的家训，还可以想见当日士大夫的风范的保存是全靠那种整齐严肃的士大夫阶级的教育的。

然而这士大夫阶级终于被科举制度和别种政治和经济的势力打破了。元、明以后，三家村的小儿只消读几部刻板书，念几百篇科举时文，就可以有登科作官的机会；一朝得了科第，像《红鸾禧》戏文里的丐头女婿，自然有送钱投靠的人来拥戴他去走马上任。他从小学的是科举时文，从来没有梦见过什么古来门阀里的"士大夫风操"的教育与训练，我们如何能期望他居士大夫之位要维持士大夫的人品呢？

以上我说的话，并不是追悼那个士大夫阶级的崩坏，更不是希冀那种门阀训练的复活。我要指出的是一种历史事实。凡成为领袖人物的，固然必须有过人的天资做底子，可是他们的知识见地，做人的风度，总得靠他们的教育训练。一个时代有一个时代的"士大夫"，一个国家有一个国家的范型式的领袖人物。他们的高下优劣，总都逃不出他们所受的教育训练的势力。某种范型的训育自然产生某种范型的领袖。

这种领袖人物的训育的来源，在古代差不多全靠特殊阶级（如中国古代的士大夫门阀，如日本的贵族门阀，如欧洲的贵族阶级及教会）的特殊训练。在近代的欧洲则差不多全靠那些训练领袖人才的大学。欧洲之有今日的灿烂文化，差不多全是中古时代留下的几十个大学的功劳。近代文明有四个基本源头：一是文艺复兴，二是十六七世纪的新科学，三是宗教革新，四是工业革命。这四个大运动的领袖人物，没有一个不是大学的产儿。中古时代的大学诚然是幼稚得可怜，然而意大利有几个大学都有一千年的历史；巴黎、牛津、康桥都有八九百年的历史；欧洲的有名大学，多数是有几百年的历史的；最新的大学，如莫斯科大学也有一百八十多年了，柏林大学是一百二十岁了。有了这样长期的存在，才有积聚的图书设备，才有集中的人才，才有继长增高的学问，才有那使人依恋崇敬的"学风"。至于今日，西方国家的领袖人物，哪一个不是从大学出来的？即使偶有三五个例外，也没有一个不是直接间接受大学教育的深刻影响的。

在我们这个不幸的国家，一千年来，差不多没有一个训练领袖人才的机关。贵族门阀是崩坏了，又没有一个高等教育的书院是有持久性的，也没有一种教育是训练"有为有守"的人才的。五千年的古国，没有一个三十年的大学！八股试帖是不能造领袖人才的，做书院课卷是不能造领袖人才的，当日最高的教育，——理学与经学考据——也是不能造领袖人才的。现在这些东西都快成了历史陈迹了，然而这些新起的"大学"，东抄西袭的课程、朝三暮四的学制、七零八落的设备、四成五成的经费、朝秦暮楚的校长、东家宿而西家餐的教员、十日一雨五日一风的学潮，——也都还没有造就领袖人才的资格。

丁文江先生在《中国政治的出路》（《独立》第十一期）里曾指出"中国的军事教育比任何其他的教育都要落后"，所以多数的军人都"因为缺乏最低的近代知识和训练，不足以担任国家的艰巨"。其实他太恭维"任何其他的教育"了！茫茫的中国，何处是训练大政治家的所在？何处是养成执法不阿的伟大法官的所在？何处是训练财政经济专家学者的所在？何处是训练我们的思想大师或教育大师的所在？

领袖人物的资格在今日已不比古代的容易了。在古代还可以有刘邦、刘裕一流的枭雄出来平定天下，还可以像赵普那样的人妄想用"半部《论语》治天下"。在今日的中国，领袖人物必须具备充分的现代见识，必须有充分的现代训练，必须有足以引起多数人信仰的人格。这种资格的养成，在今日的社会，除了学校，别无他途。

我们到今日才感觉整顿教育的需要，真有点像"临渴掘井"了。然而治七年之病，终须努力求三年之艾。国家与民族的生命是千万年的。我们在今日如果真感觉到全国无领袖的苦痛，如果真感觉到"盲人骑瞎马"的危机，我们应当深刻地认清只有咬定牙根来彻底整顿教育、稳定教育、提高教育的一条狭路可走。如果这条路上的荆棘不扫除，虎狼不驱逐，奠基不稳固；如果我们还想让这条路去长久埋没在淤泥水潦之中，——那么，我们这个国家也只好长久被一班无知识无操守的浑人领导到沉沦的无底地狱里去了。

后生可畏
——对《大公报》的评论

一万日还不清二十八年，《大公报》还不够做三十岁的寿辰。在这二十八年之中，《大公报》改组革新以来不过几年而已。这个几岁的小孩子，比那快六十岁的《申报》和那快五十岁的《新闻报》，真是很幼稚的晚辈了。

然而这个小孩子居然在这几年之中，不断地努力，赶上了那些五六十岁的老朽前辈，跑在他们的前面；不但从一个天津的地方报变成一个全国的舆论机关，并且安然当得起"中国最好的报纸"的荣誉。这真是古人说的"后生可畏"了。

《大公报》所以能有这样好的名誉，不过是因为他在这几年之中做到了两项最低限度的报纸职务：第一是登载确实的消息，第二是发表负责任的评论。这两项都是每一家报馆应该尽的职务。只因为国中的报纸都不敢做，或不肯做，或不能做，而《大公报》居然肯努力做去，并且有不小的成功，所以他就一跳而享大名了。

君子爱人以德，我们不敢过分恭维这个努力的小孩子。我们要他明白，他现在做到的成绩还不算大，只算是个个报馆都应该有的成绩。只因为大家太不长进，所以让他跑到前面去了。在矮人国里称巨无霸，是不应该自己满足的。我们爱读《大公报》的人，应该很诚恳地祝望"他"努力更进一步、两步以至百千步，期望他打破"中国最好的报纸"的记录，要在世界的最好报纸之中占一个荣誉的地位。

要做到这种更荣誉的地位,有几个问题似乎是值得《大公报》的诸位先生注意的:

第一,在这个二十世纪里,还有哪一个文明国家有绝大多数人民不能懂的古文来记载新闻和发表评论的吗?

第二,在这个时代,一个报馆还应该领先那些谈人家庭隐私的黑幕小说来推广销路吗?还是应该努力专向正确快捷的新闻和公平正直的评论上谋发展呢?

第三,在这个时代,一个舆论机关还是应该站在读者的前面做向导呢?还是应该在读者的背后随顺着他们呢?

《大公报》的前途无限,我们的期望也无限。

少年中国之精神

前番太炎先生，话里面说现在青年的四种弱点，都是很可使我们反省的。他的意思是要我们少年人：（一）不要把事情看得太容易了；（二）不要妄想凭藉已成的势力；（三）不要虚慕文明；四、不要好高骛远。这四条都是消极的忠告。我现在且从积极一方面提出几个观念，和各位同志商酌。

一、少年中国的逻辑。逻辑即是思想、辩论、办事的方法。一般中国人现在最缺乏的就是一种正当的方法。因为方法缺乏，所以有下列的几种现象：（一）灵异鬼怪的迷信，如上海的盛德坛及各地的各种迷信；（二）谩骂无理的议论；（三）用"诗云子曰"作根据的议论；（四）把西洋古人当作无上真理的议论；还有一种平常人不很注意的怪状，我且称它为"目的热"，就是迷信一些空虚的大话，认为高尚的目的；全不问这种观念的意义究竟如何；今天有人说："我主张统一和平"，大家齐声喝彩，就请他做内阁总理；明天又有人说："我主张和平统一"，大家又齐声叫好，就举他做大总统；此外还有什么"爱国"哪，"护法"哪，"孔教"哪，"卫道"哪……许多空虚的名词；意义不曾确定，也都有许多人随声附和，认为天经地义，这便是我所说的"目的热"。以上所说各种现象都是缺乏方法的表示。我们既然自认为"少年中国"，不可不有一种新方法；这种新方法，应该是科学的方法；

科学方法，不是我在这短促时间里所能详细讨论的，我且略说科学方法的要点：

第一注重事实。科学方法是用事实作起点的，不要问孔子怎么说，柏拉图怎么说，康德怎么说；我们须要先从研究事实下手，凡游历调查统计等事都属于此项。

第二注重假设。单研究事实，算不得科学方法。王阳明对着庭前的竹子做了七天的"格物"工夫，格不出什么道理来，反病倒了，这是笨伯的"格物"方法。科学家最重"假设"（hypothesis）。观察事物之后，自然有几个假定的意思；我们应该把每一个假设所涵的意义彻底想出，看那意义是否可以解释所观察的事实？是否可以解决所遇的疑难？所以要博学。正是因为博学方才可以有许多假设，学问只是供给我们种种假设的来源。

第三注重证实。许多假设之中，我们挑出一个，认为最合用的假设；但是这个假设是否真正合用，必须实地证明。有时候，证实是很容易的；有时候，必须用"试验"方才可以证实。证实了的假设，方可说是"真"的，方才可用。一切古人今人的主张、东哲西哲的学说，若不曾经过这一层证实的功夫，只可作为待证的假设，不配认作真理。

少年的中国，中国的少年，不可不时时刻刻保存这种科学的方法、实验的态度。

二、少年中国的人生观。现在中国有几种人生观都是"少年中国"的仇敌：第一种是醉生梦死的无意识生活，固然不消说了；第二种是退缩的人生观，如静坐会的人，如坐禅学佛的人，都只是消极的缩头主义。这些人没有生活的胆子，不敢冒险，只求平安，所以变成一班退缩懦夫；第三种是野心的投机主义，这种人虽不退缩，但为完全自己的私利起见，所以他们不惜利用他人，作他们自己的器具，不惜牺牲别人的人格和自己的人格，来满足自己的野心；到了紧要关头，不惜作伪，不惜作恶，不顾社会的公共幸福，以求达他们自己的目的。这三种人生观都是我们该反对的。少年中国的人生观，依我个人看来，该有下列的几种要素：

第一须有批评的精神。一切习惯、风俗、制度的改良，都起于一点批评的眼光；个人的行为和社会的习俗，都最容易陷入机械的习惯，到了"机械的习惯"的时代，样样事都不知不觉地做去，全不理会何以要这样做，只晓得人家都这样做故我也这样做，这样的个人便成了无意识的两脚机器，这样的社会便成了无生气的守旧社会，我们如果发愿要造成少年的中国，第一步便须有一种批评的精神；批评的精神不是别的，就是随时随地都要问我为什么要这样做？为什么不那样做？

第二须有冒险进取的精神。我们须要认定这个世界是很多危险的，定不太平的，是需要冒险的；世界的缺点很多，是要我们来补救的；世界的痛苦很多，是要我们来减少的；世界的危险很多，是要我们来冒险进取的。俗话说得好："成人不自在，自在不成人。"我们要做一个人，岂可贪图自在；我们要想造一个"少年的中国"，岂可不冒险；这个世界是给我们活动的大舞台，我们既上了台，便应该老着面皮，拼着头皮，大着胆子，干将起来；那些缩进后台去静坐的人都是懦夫，那些袖着双手只会看戏的人，也都是懦夫；这个世界岂是给我们静坐旁观的吗？那些厌恶这个世界梦想超生别的世界的人，更是懦夫，不用说了。

第三须要有社会协进的观念。上条所说的冒险进取，并不是野心的，自私自利的；我们既认定这个世界是给我们活动的，又须认定人类的生活全是社会的生活，社会是有机的组织，全体影响个人，个人影响全体，社会的活动是互助的，你靠他帮忙，他靠你帮忙，我又靠你同他帮忙，你同他又靠我帮忙；你少说了一句话，我或者不是我现在的样子，我多尽了一分力，你或者也不是你现在这个样子，我和你多尽了一分力，或少做了一点事，社会的全体也许不是现在这个样子，这便是社会协进的观念。有这个观念，我们自然把人人都看作同力合作的伴侣，自然会尊重人人的人格了；有这个观念，我们自然觉得我们的一举一动都和社会有关，自然不肯为社会造恶因，自然要努力为社会种善果，自然不致变成自私自利的野心投机家了。

少年的中国，中国的少年，不可不时时刻刻保存这种批评的、冒险进取的、社会的人生观。

三、少年中国的精神。少年中国的精神并不是别的，就是上文所说的逻辑和人生观；我且说一件故事做我这番谈话的结论：诸君读过英国史的，一定知道英国前世纪有一种宗教革新的运动，历史上称为"牛津运动"（The Oxford Movement），这种运动的几个领袖如客白尔（Keble）、纽曼（Newman）、福鲁德（Froude）诸人，痛恨英国国教的腐败，想大大地改革一番；这个运动未起事之先，这几位领袖做了一些宗教性的诗歌写在一个册子上，纽曼摘了一句荷马的诗题在册子上，那句诗是 You shall see the difference now that we are back again ! 翻译出来即是"如今我们回来了，你们看便不同了！"

少年的中国，中国的少年，我们也该时时刻刻记着这句话：

如今我们回来了，你们看便不同了！

这便是少年中国的精神。

不 老
——跋梁漱溟先生致陈独秀书

一　梁先生原信节录

仲甫先生：

　　方才收到《新青年》六卷一号，看见你同陶孟和先生论我父亲自杀的事各一篇，我很感谢。为什么呢？因为凡是一件惹人注目的事，社会上对于它一定有许多思量感慨。当这用思兴感的时候，必不可无一种明确的议论来指导他们到一条正确的路上去，免得流于错误而不自觉。所以我很感谢你们做这种明确的议论。我今天写这信有两个意思：一个是我读孟和的论断似乎还欠明晰，要有所申论；一个是凡人的精神状况差不多都与他的思想有关系，要众人留意。……

　　诸君在今日被一般人指而目之为新思想家，哪里知道二十年前我父亲也是受人指而目之为新思想家的呀。那时候人都毁骂郭筠仙（嵩焘）信洋人讲洋务，我父亲同他不相识，独排众论，极以他为然。又常亲近那最老的外交家许静山先生（珏），去访问世界大势，讨论什么亲俄亲英的问题。自己在日记上说："倘我本身不能出洋留学，一定节省出钱来叫我儿子出洋。万事可省，此事不可不办。"大家总该晓得向来小孩子开蒙念书照规矩是《百家姓》、《千字文》、《四书五经》。我父亲竟不如此，叫那先生拿《地球韵言》来教我。我八岁时候有一位陈先生开了一个"中西小学堂",便叫我去那里学起 abcd 来。到现在二十岁了,那人人都会背的《论语》、《孟子》,我不但不会背,还是没有念呢!请看二十年后的今日还在那里压派着小学生读经,稍为革废之论,即为大家所不容。没有过人的精神,能行之于二十年前吗?我父亲有兄弟交彭翼仲先生是北京城报界开天辟地的人,创办《启蒙画报》、《京话日报》、《中华报》等等。(《启蒙画报》上边拿些浅近科学知识讲给人听,排斥迷信,恐怕是北京人与赛先生(Science)相遇的第一次呢!)北京人都叫它"洋报",没人过问,赔累不堪,几次绝望。我父亲典当了钱接济它,前后千余金。在那借钱折子上自己批道:"我们为开化社会,就是这钱赔干净了也甘心。"我父亲又拿鲁国漆室女倚门而叹的故事编了一出新戏叫做"女子爱国"。其事距今有十四五年了,算是北京新戏的开创头一回。戏里边便是把当时认为新思想的种种改革的主张夹七夹八地去灌输给听戏的人。平日言谈举动,在一般亲戚朋友看去,都有一种生硬新异的感觉,抱一种老大不赞成的意思。当时的事且不再叙,去占《新青年》的篇幅了。然而到了晚年,就是这五六年,除了合于从前自己主张的外,自己常很激烈地表示反对新人物新主张(于政治为尤然),甚至把从前所主张的,如申张民权排斥迷信之类,有返回去的倾向。不但我父亲如此,我的父执彭先生本是勇往不过的革新家,那一种破釜沉舟的气概,恐怕现在的革新家未必能及,到现在他的思想也是陈旧得很,甚至也有那返回去的倾向。当年我们两家虽都是南方籍贯,因为一连几代做官不曾回南,已经成了北京人。空气是异常腐败的。何以竟能发扬蹈厉去做革新的先锋?到现在的机会,要比起从前,那便利何止百倍,反而不能助成他们的新思想,却墨守条规起来,又何故呢?这便是我说的精神状况的关系了。当四十岁时,人的精神充裕,那一副过人的精神便显起效用来，于甚少的机会中追求出机会，摄取了知识，构成了思想，发动了志气，所以有那一番积极的作为，在那时代便是维新家了。到六十岁时，精神安能如昔？知识的摄取力先减了，思想的构成力也退了，所有的思想都是以前的遗留，没有那方兴未艾的创造，而外界的变迁却一日千里起来，于是乎就落后为旧人物了。因为所差的不过是精神的活泼，不过是创造的智慧，所以虽不是现在的新思想家，却还是从前的新思想家；虽没有今人的思想，却不像寻常人的没思想。况且我父亲虽然到了老年，因为有一种旧式道德家的训练，那颜色还是很好，目光极其有神，肌肉不瘠，步履甚健，样样都比我们年轻人还强。精神纵不如昔，还是过人。那神志的清明、志气的刚强、情感的真挚，真所谓老当益壮的了。对于外界政治上社会上种种不好的现象，他如何肯糊涂过去！便本着那所有的思想终日早起晏息地去做事，并且成了这自杀的举动。其间知识上的错误自是有的，然而不算事。假使拿他早年本有的精神遇着现在新学家同等的机会，那思想举动正未知如何呢！因此我又联想到何以这么大的中国，却只有一个《新青年》杂志？可以验国人的精神状况了！诸君所反复说之不已的，不过是很简单的一点意思，何以一般人就大惊小怪起来，又有一般人就觉得趣味无穷起来？想来这般人的思想构成力太缺了！然则这国民的"精神的养成"恐怕是第一大事了。我说精神状况与思想关系是要留意的一桩事，就是这个。

梁漱溟

二　跋

漱溟先生这封信，讨论他父亲巨川先生自杀的事，使人读了都很感动。他前面说的一段，因陶先生已去欧洲，我们且不讨论。

后面一段论"精神状况与思想有关系"一个问题，使我们知道巨川先生精神生活的变迁，使我们对于他老先生不能不发生一种诚恳的敬爱心。这段文章，乃是近来传记中有数的文字。若是将来的孝子贤孙替父母祖宗作传时，都能有这种诚恳的态度、写实的文体、解释的见地，中国文学也许发生一些很有文学价值的传记。

我读这一段时，觉得内中有一节很可给我们少年人和壮年人做一种永久的教训，所以我把他提出来抄在下面：

当四十岁时，人的精神充裕，那一副过人的精神便显起效用来，于甚少的机会中追求出机会，摄取了知识，构成了思想，发动了志气，所以有那一番积极的作为。在那时代便是维新家了。到六十岁时，精神安能如昔？知识的摄取力先减了，思想的构成力也退了，所有的思想都是以前的遗留，没有那方兴未艾的创造，而外界的变迁却一日千里起来，于是乎就落后成为旧人物了。

我们少年人读了这一段，应该问自己道："我们到了六七十岁时，还能保存那创造的精神，做那时代的新人物吗？"这个问题还不是根本问题。我们应该进一步，问自己道："我们该用什么法子方才可使我们的精神到老还是进取创造的呢？我们应该怎么预备做一个白头的新人物呢？"

从这个问题上着想，我觉得漱溟先生对于他父亲平生事实的解释还不免有一点"倒果为因"的地方。他说，"到了六十岁时，精神安能如昔？知识的摄取力先减了，思想的构成力也退了。"这似乎是说因为精神先衰了，所以不能摄取新知识，不能构成新思想。但他下文又说巨川先生老年的精神还是过人，"真所谓老当益壮"。这可见巨川先生致死的原因不在精神先衰，乃在知识思想不能调剂补助他的精神。二十年前的知识思想决不够培养他那二十年后"老当益壮"的旧精神，所以有一种内部的冲突，所以竟致自杀。

我们从这个上面可得一个教训：我们应该早点预备下一些"精神不老丹"方才可望做一个白头的新人物。这个"精神不老丹"是什么呢？我说是永远可求得新知识新思想的门径。这种门径不外两条：（一）养成一种欢迎新思想的习惯，使新知识新思潮可以源源进来；（二）极力提倡思想自由和言论自由，养成一种自由的空气，布下新思潮的种子，预备我们到了七八十岁时，也还有许多簇新的知识思想可以收获来做我们的精神培养品。

今日的新青年！请看看二十年前的革命家！

漫游的感想

一 东西文化的界线

我离了北京，不上几天，到了哈尔滨。在此地我得了一个绝大的发现：我发现了东西文明的交界点。

哈尔滨本是俄国在远东侵略的一个重要中心。当初俄国人经营哈尔滨的时候，早就预备要把此地辟作一个二百万居民的大城，所以一切文明设备，应有尽有；几十年来，哈尔滨就成了北中国的上海。这是哈尔滨的租界，本地人叫做"道里"，现在租界收回，改为特别区。

租界的影响，在几十年中，使附近的一个村庄逐渐发展，也变成了一个繁盛的大城。这是"道外"。

"道里"现在收归中国管理了，但俄国人的势力还是很大的，向来租界时代的许多旧习惯至今还保存着。其中的一种遗风就是不准用人力车（东洋车）。"道外"的街道上都是人力车。一到了"道里"，只见电车与汽车，不见一部人力车。道外的东洋车可以拉到道里，但不准再拉客，只可拉空车回去。

我到了哈尔滨，看了道里与道外的区别，忍不住叹口气，自己想道：这不是东方文明与西方文明的交界点吗？东西洋文明的界线只是人力车文明与摩托车文明的界线——这是我的一大发现。

人力车又叫做东洋车,这真是确切不移。请看世界之上,人力车所至之地,北起哈尔滨,西至四川,南至南洋,东至日本,这不是东方文明的区域吗?

人力车代表的文明就是那用人做牛马的文明。摩托车代表的文明就是用人的心思才智制作出机械来代替人力的文明。把人做牛马看待,无论如何,够不上叫做精神文明。用人的智慧造作出机械来,减少人类的苦痛,便利人类的交通,增加人类的幸福,——这种文明却含有不少的理想主义,含有不少的精神文明的可能性。

我们坐在人力车上,眼看那些圆颅方趾的同胞努起筋肉,弯着背脊梁,流着血汗,替我们做牛做马,拖我们行远登高,为的是要挣几十个铜子去活命养家,——我们当此时候,不能不感谢那发明蒸汽机的大圣人,不能不感谢那发明电力的大圣人,不能不祝福那制作汽船汽车的大圣人:感谢他们的心思才智节省了人类多少精力,减除了人类多少苦痛!你们嫌我用"圣人"一个字吗?孔夫子不说过吗?"制而用之谓之器。利用出入,民咸用之,谓之神。"孔老先生还嫌"圣"字不够,他简直要尊他们为"神"呢!

二 摩托车的文明

去年 8 月 17 日的伦敦《晚报》(Evening Standard)有下列的统计:

全世界的摩托车共 24 590 000 辆。

全世界人口平均每七十一人有一辆摩托车。

美国每六人有车一辆。

加拿大与纽西兰每十二人有车一辆。

澳洲每二十人有车一辆。

今年1月16日纽约的《国民周报》(The Nation)有下列的统计：

全世界摩托车　27 500 000
美国摩托车　　22 330 000

美国摩托车数占全世界百分之八十一。

美国人口平均每五人有车一辆。

去年（1926年）美国造的摩托车凡四百五十万辆，出口五十万辆。美国的路上，无论是大城里或乡间，都是不断的汽车。《纽约时报》上曾说一个故事：有一个北方人驾着摩托车走过Miami的一条大道，他开的速度是每点钟三十五英里。后面一个驾着两轮摩托车的警察赶上来问他为什么挡住大路。他说，"我开的已是三十五里了。"警察喝道："开六十里！"

今年3月里我到费城（Philadelphia）演讲，一个朋友请我到乡间Haverford去住一天。我和他同车往乡间去，到了一处，只见那边停着一二百辆摩托车。我说："这里开汽车赛会吗？"他用手指道："那边不在造房子吗？这些都是木匠泥水匠坐来做工的汽车。"

这真是一个摩托车的国家！木匠泥水匠坐了汽车去做工，大学教员自己开着汽车去上课，乡间儿童上学都有公共汽车接送，农家出的鸡蛋牛乳每天都自己用汽车送上火车或直送进城。十字街头，向来总有一两家酒店的；近年酒禁实行了，十字街头往往建着汽油的小站。车多了，停车的空场遂成为都市建筑的一个大问题。此外还发生了许多连带的问题，很能使都市因此改观。例如我到丹佛城（Denver），看见墙上都没有街道的名字，我很诧异。后来才看见街名都用白漆写在马路两边的"行道"(pavement or side walk)的底下，为的是要使夜间汽车灯光容易照着。这一件事便可以看出摩托车在都市经营上的影响了。

摩托车的文明的好处真是一言难尽。汽车公司近年通行"分月付款"的法子，使普通人家都可以购买汽车。据最近统计，去年一年之中美国人买的汽车有三分之二是分月付钱的。这种人家向来是不肯出远门的。如今有了汽车，旅行便利了，所以每日工作完毕之后，回家带了家中妻儿，自己开着汽车，到郊外去游玩；每星期日，可以全家到远地旅行游览。例如旧金山的"金门公园"，远在海滨，可以纵观太平洋上的水光岛色；每到星期日，四方男女来游的真是人山人海！这都是摩托车的恩赐。这种远游的便利可以增进健康，开拓眼界，增加知识，——这都是我们在轿子文明与人力车文明底下想象不到的幸福。

最大的功效还在人的官能的训练。人的四肢五官都是要训练的；不练就不灵巧了，久不练就迟钝麻木了。中国乡间的老百姓，看见汽车来了，往往手足失措，不知道怎样回避；你尽着呜呜地压着号筒，他们只听不见；连街上的狗与鸡也只是懒洋洋地踱来摆去，不知避开。但是你若把这班老百姓请到上海来，请他们从先施公司走到永安公司去，他们便不能不用耳目手足了。走过大马路的人，真如《封神传》上黄天化说的"须要眼观四处，耳听八方"。你若眼不明，耳不聪，手足不灵动，必难免危险。这便是摩托车文明的训练。

美国的汽车大概都是各人自己驾驶的。往往一家中，父母子女都会开车。人工贵了，只有顶富的人家可以雇人开车。这种开车的训练真是"胜读十年书"！你开着汽车，两手各有职务，两脚也各有职务，眼要观四处，耳要听八方，还要手足眼耳一时并用，同力合作。你不但要会开车，还要会修车；随你是什么大学教授，诗人诗哲，到了半路车坏的时候，也不能不卷起袖管，替机器医病。什么书呆子、书踱头、傻瓜，若受了这种训练，都不会四体不勤，五官不灵了。你们不常听见人说大学教授"心不在焉"的笑话吗？我这回新到美国，有些大学教授如孟禄博士等请我坐他们自己开的车，我总觉得有点栗栗危惧，怕他们开到半路上忽然想起什么哲学问题或天文学问题来，那才危险呢！但是我经过几回之后，才觉得这些大学教授已受了摩托车文明的洗礼，把从前的"心不在焉"的呆气都赶跑了，坐在轮子前便一心在轮子上，手足也灵活了，耳目也聪明了！猗欤休哉！摩托车的教育！

三　一个劳工代表

有些自命"先知"的人常常说："美国的物质发展终有到头的一天；到了物质文明破产的时候，社会革命便起来了。"

我可以武断地说：美国是不会有社会革命的，因为美国天天在社会革命之中。这种革命是渐进的，天天有进步，故天天是革命。如所得税的实行，不过是十四年来的事，然而现在所得税已成了国家税收的一大宗，巨富的家私有纳税百分之五十以上的。这种"社会化"的现象随地都可以看见。从前马克思派的经济学者说资本愈集中则财产所有权也愈集中，必做到资本全归极少数人之手的地步。但美国近年的变化却是资本集中而所有权分散在民众。

一个公司可以有一万万的资本，而股票可由雇员与工人购买，故一万万元的资本就不妨有一万人的股东。近年移民进口的限制加严，贱工绝迹，故国内工资天天增涨；工人收入既丰，多有积蓄，往往购买股票，逐渐成为小资本家。不但白人如此，黑人的生活也逐渐抬高。纽约城的哈伦区，向为白人居住的，十年之中土地房屋全被发财的黑人买去了，遂成了一片五十万人的黑人区域。人人都可以做有产阶级，故阶级战争的煽动不发生效力。

我且说一件故事。

我在纽约时，有一次被邀去参加一个"两周讨论会"(Fortnightly Forum)。这一次讨论的题目是"我们这个时代应该叫什么时代？"十八世纪是"理智时代"，十九世纪是"民治时代"，这个时期应该叫什么？究竟是好是坏？

依这个讨论会规矩，这一次请了六位客人做辩论员：一个是俄国克伦斯基革命政府的交通总长；一个是印度人；一个是我；一个是有名的"效率工程师"(efficiency engineer)，是一位老女士；一个是纽约有名的牧师 Holmes；一个是工会代表。

有些人的话是可以预料的。那位印度人一定痛骂这个物质文明时代；那位俄国交通总长一定痛骂鲍尔雪维克（布尔什维克）；那位牧师一定是很悲观的；我一定是很乐观的；那位女效率专家一定鼓吹她的效率主义。一言表过不提。

单说那位劳工代表 Frahne 先生。他站起来演说了。他穿着晚餐礼服，挺着雪白的硬衬衫，头发苍白了。他站起来，一手向里面衣袋里抽出一卷打字的演说稿，一手向外面袋里摸出眼镜盒，取出眼镜戴上。他高声演说了。

他一开口便使我诧异。他说："我们这个时代可以说是人类有历史以来最好的最伟大的时代，最可惊叹的时代。"

这是他的主文。以下他一条一条地举例来证明这个主旨。他先说科学的进步，尤其注重医学的发明；次说工业的进步；次说美术的新贡献，特别注重近年的新音乐与新建筑。最后他叙述社会的进步，列举资本制裁的成绩、劳工待遇的改善、教育的普及、幸福的增加。他在十二分钟之内描写世界人类各方面的大进步，证明这个时代是人类有史以来最好的时代。

我听了他的演说，忍不住对自己说道："这才是真正的社会革命。社会革命的目的就是要做到向来被压迫的社会分子能站在大庭广众之中歌颂他的时代为人类有史以来最好的时代。"

底气

四　往西去！

我在莫斯科住了三天，见着一些中国共产党的朋友，他们很劝我在俄国多考察一些时。我因为要赶到英国去开会，所以不能久留。那时冯玉祥将军在莫斯科郊外避暑，我听说他很崇拜苏俄，常常绘画列宁的肖像。我对他的秘书刘伯坚诸君说："我很盼望冯先生从俄国向西去看看。即使不能看美国，至少也应该看看德国。"

我的老朋友李大钊先生在他被捕之前一两月曾对北京朋友说："我们应该写信给适之，劝他仍旧从俄国回来，不要让他往西去打美国回来。"但他说这话时，我早已到了美国了。

我希望冯玉祥先生带了他的朋友往西去看看德国、美国；李大钊先生却希望我不要往西去。要明白此中的意义，且听我再说一件有趣味的故事。

我在日本时，同了马伯援先生去访问日本最有名的经济学家福田德三博士。我说："福田先生，听说先生新近到欧洲游历回来之后，先生的思想主张颇有改变，这话可靠吗？"

他说，"没有什么大的改变。"

我问，"改变的大致是什么？"

他说，"从前我主张社会政策；这次从欧洲回来之后，我不主张这种妥协的缓和的社会政策了。我现在以为这其间只有两条路：不是纯粹的马克思派社会主义，就是纯粹的资本主义。没有第三条路。"

我说："可惜先生到了欧洲不曾走得远点，索性到美国去看看，也许可以看见第三条路，也未可知。"

福田博士摇头说："美国我不敢去，我怕到了美国会把我的学说完全推翻了。"

我说："先生这话使我颇失望。学者似乎应该尊重事实。若事实可以推翻学说，那么，我们似乎应该抛弃那学说，另寻更满意的假设。"

福田博士摇头说："我不敢到美国去，我今年五十五了，等到我六十岁时，我的思想定了，不会改变了，那时候我要往美国看看去。"

这一次的谈话给了我一个绝大的刺激。世间的大问题决不是一两个抽象名词（如"资本主义"、"共产主义"等等）所能完全包括的。最要紧的是事实。现今许多朋友却只高谈主义，不肯看看事实。孙中山先生曾引外国俗语说"社会主义有五十七种，不知哪一种是真的"。岂但社会主义有五十七种？资本主义还不止五百七十种呢！拿一个"赤"字抹杀新运动，那是张作霖、吴佩孚的把戏。然而拿一个"资本主义"来抹杀一切现代国家，这种眼光究竟比张作霖、吴佩孚高明多少？

朋友们，不要笑那位日本学者，他还知道美国有些事实足以动摇他的学说，所以他不敢去。我们之中却有许多人决不承认世上会有事实足以动摇我们的迷信的。

五　东方人的"精神生活"

我到纽约后的第十天——1月21日——《纽约时报》上登出一条很有趣味的新闻：

昨天下午一点钟，纽吉赛邦的恩格儿坞（Englewood, N. J.）的山郎先生住宅面前，围了许多男男女女，小孩子，小狗，等着要看一位埃及道人（Fakir）名叫哈密（Hamid Bey）的被活埋的奇事。

哈密道人站在那掘好的坟坑的旁边；微微的雨点洒在他的飘飘的长袍上。他身边站着两个同道的助手。

人越来越多了。到了一点一分的时候,哈密道人忽然倒在地下,不省人事了。两个请来的医生同了三个报馆访员动手把他的耳朵、鼻子、嘴,都用棉花塞好。随后便有人来把哈密道人抬下坟坑,放在坑里的内穴里。他脸上撒了一薄层的沙。内穴上面用木板盖好。

内穴上面还有三尺深的空坑,他们也用泥土填满了。填满了后,活埋的工作算完了。

到场的许多人都走进山郎先生的家里去吃茶点。山郎夫人未嫁之前就是那位绰号"千眼姑娘"的李麻小姐。她在那边招待来宾,大家谈着"人生无涯"一类的问题,静候那活埋道人的复活。

一点钟过去了。……一点半过去了。……两点钟过去了。……

到了下午四点,三个爱尔兰的工人动手把坟掘开。三个黑种工人站在旁边陪着,——也许是给那三个白种同伴镇压邪鬼罢。

四点钟敲过不久,哈密道人扶起来了。扶到了空气里,他便颤动了,渐渐活过来了。他低低地喊了一声"胡帝尼",微微一笑,他回生了。

他未埋之先,医生验过他的脉跳是七十二,呼吸是十八。复活之后,脉跳与呼吸仍是七十二与十八。他在坑里足足埋了两点五十二分。

这回的安排布置全是勒乌公司(Loew's)的杜纳先生办理的。杜纳先生说,本想同这位埃及道人订一个"杂耍戏"的契约,不过还得考虑一会,因为看戏的人等不得三个钟头就都会跑光了。

哈密道人却很得意,他说他还可以活埋三天咧。

美国是个有钱的地方,世界各国的奇奇怪怪的宗教掮客都赶到这里来招揽信徒,炫卖花样。前一年,有个埃及道人名叫拉曼(Rahman)的,自称能收敛心神,停止呼吸。他当大众试验,闭在铁棺内,沉在赫贞河里,过一点钟之久。当时美国有大幻术家胡帝尼（Harry Houdini）研究此事，说这不是停止呼吸，乃是一种"浅呼吸"，是可以操练出来的。胡帝尼自己练习，到了去年夏间，他也公开试验：睡在铁棺里，叫人沉在纽约谢尔敦大旅馆的水池里，过了一点半钟，方才捞起来。开棺之后，依然复生，不过脉跳增加至一百四十二跳而已。胡帝尼的成绩比拉曼加长半点钟，颇能使人明白这种把戏不过是一种技术上的训练，并没有什么精神作用。

胡帝尼死后，这班东方道人还不服气，所以有今年1月20日哈密道人的公开试验。哈密的成绩又比胡帝尼加长了八十二分钟，应该够得上和勒乌公司订六个月的"杂耍戏"的契约了，然而杜纳先生又嫌活埋三点钟太干燥无味，怕不能号召看戏的群众！可惜，可惜！大概哈密先生和他的道友们后来仍旧回到东方去继续他们的"内心生活"了罢。

胡帝尼的试验的精神是很可佩服的。其实即使这班东方道人真能活埋三点钟以至三天，完全停止呼吸，这又算得什么精神生活？这里面哪有什么"精神的分子"？泥里的蚯蚓，以至一切冬天蛰伏的爬虫，不是都能这样吗？

六　麻　将

前几年，麻将牌忽然行到海外，成为出口货的一宗。欧洲与美洲的社会里，很有许多人学打麻将的；后来日本也传染到了。有一个时期，麻将竟成了西洋社会里最时髦的一种游戏：俱乐部里差不多桌桌都是麻将，书店里出了许多种研究麻将的小册子，中国留学生没有钱的可以靠教麻将吃饭挣钱。欧美人竟发了麻将狂热了。

谁也梦想不到东方文明征服西洋的先锋队却是那一百三十六

个麻将军!

这回我从西伯利亚到欧洲,从欧洲到美洲,从美洲到日本,十个月之中,只有一次在日本京都的一个俱乐部里看见有人打麻将牌。在欧美简直看不见麻将了。我曾问过欧洲和美国的朋友,他们说,"妇女俱乐部里,偶然还可以看见一桌两桌打麻将的,但那是很少的事了。"我在美国人家里,也常看见麻将牌盒子——雕刻装潢很精致的——陈列在室内,有时一家竟有两三副的。但从不见主人主妇谈起麻将;他们从不向我这位麻将国的代表请教此中的玄妙!麻将在西洋已成了架上的古玩了;麻将的狂热已退凉了。

我问一个美国朋友,为什么麻将的狂热过去的这样快?他说:"女太太们喜欢麻将,男子们却很反对,终于是男子们战胜了。"

这是我们意想得到的。西洋的勤劳奋斗的民族决不会做麻将的信徒,决不会受麻将的征服。麻将只是我们这种好闲爱荡,不爱惜光阴的"精神文明"的中华民族的专利品。

当明朝晚年,民间盛行一种纸牌,名为"马吊"。马吊只有四十张牌,有一文至九文,一千至九千,一万至九万等,等于麻将牌的筒子、索子、万子。还有一张"零",即是"白板"的祖宗。还有一张"千万",即是徽州纸牌的"千万"。马吊牌上每张上画有《水浒传》的人物。徽州纸牌上的"王英"即是矮脚虎王英的遗迹。乾隆嘉庆间人汪师韩的全集里收有几种明人的马吊牌(在《丛睦汪氏丛书》内)。

马吊在当日风行一时,士大夫整日整夜地打马吊,把正事都荒废了。所以明亡之后,吴梅村作《绥寇纪略》说,明之亡是亡于马吊。

三百年来,四十张的马吊逐渐演变,变成每样五张的纸牌,近七八十年中又变为每样四张的麻将牌(马吊三人对一人,故名

"马吊脚",省称"马吊";"麻将"为"麻雀"的音变,"麻雀"为"马脚"的音变)。越变越繁复巧妙了,所以更能迷惑人心,使国中的男男女女,无论富贵贫贱,不分日夜寒暑,把精力和光阴葬送在这一百三十六张牌上。

英国的"国戏"是cricket,美国的国戏是baseball,日本的国戏是角抵。中国呢?中国的国戏是麻将。

麻将平均每四圈费时约两点钟。少说一点,全国每日只有一百万桌麻将,每桌只打八圈,就得费四百万点钟,就是损失十六万七千日的光阴,金钱的输赢,精力的消磨,都还在外。

我们走遍世界,可曾看见哪一个长进的民族、文明的国家,肯这样荒时废业的吗?一个留学日本朋友对我说:"日本人的勤苦真不可及!到了晚上,登高一望,家家板屋里都是灯光;灯光之下,不是少年人跪着读书,便是老年人跪着翻书,或是老妇人跪着做活计。到了天明,满街上、满电车上都是上学去的儿童。单只这一点勤苦就可以征服我们了。"

其实何止日本?凡是长进的民族都是这样的。只有咱们这种不长进的民族以"闲"为幸福,以"消闲"为急务,男人以打麻将为消闲,女人以打麻将为家常,老太婆以打麻将为下半生的大事业!

从前的革新家说中国有三害:鸦片、八股、小脚。鸦片虽然没禁绝,总算是犯法的了。虽然还有做"洋八股"与更时髦的"党八股"的,但八股的四书文是过去的了。小脚也差不多没有了。只有这第四害,麻将,还是日兴月盛,没有一点衰歇的样子,没有人说它是可以亡国的大害。新近麻将先生居然大摇大摆地跑到西洋去招摇一次,几乎做了鸦片与杨梅疮的还敬礼物。但如今它仍旧缩回来了,仍旧回来做东方精神文明的国家的国粹、国戏!

后 记

　　《漫游的感想》本不止这六条，我预备写四五十条，做成一本游记。但我当时正在赶写《白话文学史》，忙不过来，便把游记搁下来了。现在我把这六条保存在这里，因为游记专书大概是写不成的了。

《独立评论》的一周年

《独立评论》是去年5月22日出版的，原定寒假中或有印刷上的不方便，所以每年只出五十期，现在已出到五十一期了。一周岁的婴孩本来不值得什么纪念，可是在这一年之中，我们承许多朋友的帮忙，使这个刊物随时得着不少的好文字，并且时时得着很有益的指导，我们很想借这个周年号对这些好朋友表示很诚挚的谢意。

《独立评论》社的社员只有十一个人，每人除每月捐出所认捐本刊经费之外，还须长期担任为本刊做文字。我们都是有职业的人，忙里偷闲来做文字，不但不能持久，也不会常有好文字做出来。所以我们每天希望社外的朋友来帮助我们。果然，社外的朋友不曾叫我们失望。《独立评论》出了几期之后，社外投稿渐渐增加了，直到后来有时候我们差不多可以全靠社外的文字出一期报，我们不过替他们尽一点编辑、校对、发行的责任，或者加上一两篇比较有时间性的政论文字。有时候投稿的作者是我们从未识面的人，我们因这个刊物竟添了不少新朋友。这是我们最感觉快慰的事。我们办这个刊物本来不希望它做我们这十一二个人的刊物，也不希望它成为我们的朋友的刊物；我们自始就希望它成为全同一切用公心讨论社会政治问题的人的公共刊物。我们曾说过：我们不期望有完全一致的主张，只期望各人都根据自己的知识，用公平的态度，来研究中国当前的问题。这一年以来投稿的增多，至少可以证明国内有不少的朋友，对于我们这种态度表示信任，所以我们感觉很愉快的安慰。现在我把这五十期的文稿的来源，试做成一表如下：

《独立评论》期数	社员撰稿篇数	社外投稿篇数
第 1 至 10 期	43	7
第 11 至 20 期	33	26
第 21 至 30 期	30	25
第 31 至 40 期	29	27
第 41 至 50 期	22	32
总　　计	157	117

社员的稿子逐渐减少，而社外的投稿逐渐增多，这不但减轻了我们这几个人的文字负担，并且显示了社会上对我们表同情的人逐渐加多。如果这个趋势能继续发展，使这个小刊物真成为我们所希望的公共刊物，那就是我们发起的人最高兴最满意的了。

在这个最严重的国难时期，我们只能用笔墨报国，这本来是很无聊的事。但我们也不因此就轻视我们自己的工作。我们自己回头看看这一年的工作，虽然很感觉不满意，然而也还有几点是我们自己至今认为值得提倡，值得"锲而不舍"的反复申明的。

第一，我们希望提倡一点"独立的精神"。我们曾说过："不倚傍任何党派，不迷信任何万岁，用负责任的言论来发表我们各人思考的结果：这是独立的精神。"我们深深地感觉现时中国的最大需要是一些能独立思想，肯独立说话，敢独立做法的人。古人说的，"贫贱不能移，富贵不能淫，威武不能屈"，这是"独立"的最好说法。但在今日，还有两种重要条件是孟子当日不曾想到的：第一是"成见不能束缚"，第二是"时髦不能引诱"。现今有许多人所以不能独立，只是因为不能用思考与事实去打破他们的成见；又有一种人所以不能独立，只是因为他们不能抵御时髦的引诱。"成见"在今日所以难打破，是因为有一些成见早已变成很固定的"主义"了。懒惰的人总想用现成的,整套的主义来应付当前的问题,总想拿事实来附会主义。有时候一种成见成为时髦是(的)风气,或成为时髦的党纲信条,那就更不容易打破了。我们所希望的是一种虚心的、公心的、尊重事实的精神。例如"开发西北"是一种时髦的主张,我们所希望的只是要大家先研究西北的事实(本刊第三期及第四期《中国人口公布与土地利用》),然后研究西北应该如何开发(本刊第四十期《如何开发西北》),又如"建设"是一种最时髦的风气,我们所希望只是要大家研究建设应该根据什么材料做计划,计划应该如何整理,如何推行(本刊第五期《建设与计划》),并且要研究在现时的实际情形之下究竟有多少建设事业可做(本刊第三十期《多言的政府》),第四十九期《从农村救济谈到无为的政治》,第二十三期《中国矿业的厄运》。这种态度是一定不能满足现时一般少年读者的期望的,尤其是我们对于中日问题的许多文字。我们不说时髦话,不唱时髦的调子,只要人撇开成见,看看事实,因为我们深信只有事实能给我们真理,只有真理能使我们独立。有一位青年读者对我们说,"读《独立评论》,总觉得不过瘾!"是的,我们不供给青年过瘾的东西,我们只妄想至少有些读者也许可以因此减少一点每天渴望麻醉的瘾。

第二,我们希望提倡一点"反省的态度"。希腊哲人教人:"认得你自己",中国哲人也教人"自知者明"。我们最忧虑的是近二十年来中国人的虚骄与夸大狂,是我们不认识自己的弱点与危机。我们认为这真是亡国的现象,所以我们不惜在大家狂热的虚骄心与夸大狂上面去浇冰冷水。我们要大家深刻地认识"一个国家的强弱盛衰都不是偶然的,都不是逃出因果的铁律的。我们今日所受的苦痛和耻辱,都只是过去种种恶因种下的恶果"。(本刊第七期《赠与今年的大学毕业生》,第十八期《惨痛的回忆与反省》,

第四十一期《全国震惊以后》。)我们要大家拿镜子照照我们自己的罪孽,要大家深刻地反省"贫到这样地步,鸦片白面害到这样地步,贪污到这样地步,人民愚昧到虽高官吏至今还信念诵咒可以救国的地步,(今天报上还载着何键送一位法师去替蒋中正医牙痛,替熊式辉医脚痛哩!)这个国家是不能内存于这个现代世界的"。我们认为这种自责的态度是真正的"心理建设"的基础。必须自己认错了,然后肯死心塌地地去努力学上进。

第三,我们希望提倡一种"工作的人生观"。我们曾说:

我们要深信:今日的失败,都由于过去的不努力。我们要深信:今日的努力,必定有将来的大收成。(第七期《赠与今年的大学毕业生》)

我们曾说:

在这样苦境中,你只有努力工作;你更应该拼命做你的工作。世界上只有真正的工作能够造成人类的幸福。(第十期《一个打破烦闷的方法》)

我们曾说:

欧美的富强是至少二三百年努力的结果。日本也经过六十年小心翼翼拼命工作,方能够有今日放肆的力量。我们从落伍的国家要赶上人家,非但要努力,真还要拼命。苏俄的建设工作便是拼命赶的榜样。……人就是为工作生的,不工作就是事负此生。播了种一定会有收获,用了力决不至于白费。……万一中国亡了,那时候我们要工作人家都不要也不许我们工作了。趁现在中国还是我们的,我们正应该起日暮途远之感,拼命地工作。虽然我们觉悟已经太晚了,也许神明之胄天不绝人,靠我们今日的努力能造下复兴的基础。说到极点,即使中国暂时亡了,我们也要留下一点工作的成绩叫世界上知道我们尚非绝对的下等民族。只要我们真肯努力,便如波兰、捷克也还有复兴的日子。(第十五期《我

的意见也不过如此》）

我们曾说：

　　佛典里有一句话："福不唐捐。"唐捐就是白白地丢了。我们也应该说："功不唐捐。"没有一点努力是会白白地丢了的。在我们看不见想不到的方向，你瞧！你下的种子早已生根发叶开花结果了！（第七期《赠与今年的大学毕业生》）

　　工作，拼命工作！这是我们要向一切中国人宣传的人生观。救国做人，无他秘诀，无他捷径，只有这一句老话。

　　我们回头看看我们这一年说的话，不过如此而已。然而我们并不惭愧，因为这都是我们良心上要说的话。

科学发展所需要的社会改革

《科学发展所需要的社会改革》这个题目，不是我自己定的，是负责筹备的委员会出给我的题目。这个题目的意思是问：在我们远东各国，社会上需要有些什么变化才能够使科学生根发芽呢？

到这里来开会的诸位是在亚洲许多地区从事推进科学教育的，我想一定都远比我更适合就这个大而重要的题目说话。

我今天被请来说话，我很疑心，这是由于负责筹备这个会议的朋友们大概要存心作弄我，或者存心作弄诸位：他们大概要我在诸位的会议开幕的时候做一次 Advocatus Diaboli, "魔鬼的辩护士"，要我说几句怪不中听的话，好让诸位在静静的审议中把我的话尽力推翻。我居然来了，居然以一个"魔鬼的辩护士"的身份来到诸位面前，要说几句怪不中听的话给诸位去尽力驳倒，推翻。

我愿意提出一些意见，都是属于知识和教育上的变化的范围的——我相信这种变化是一切社会变化中最重要的。

我相信，为了给科学的发展铺路，为了准备接受、欢迎近代的科学和技术的文明，我们东方人也许必须经过某种知识上的变化或革命。

这种知识上的革命有两方面。在消极方面，我们应当丢掉一个深深的生了根的偏见，那就是以为西方的物质的（material）、唯物的（materialistic）文明虽然无疑地占了先，我们东方人还可以凭我们的优越的精神文明（spiritual civilization）自傲。我们也许必须丢掉这种没有理由的自傲，必须学习承认东方文明中所含的精神成分（spirituality）实在很少。在积极方面，我们应当学习了解、赏识科学和技术绝不是唯物的，乃是高度理想主义的（idealistic），乃是高度精神的（spiritual），科学和技术确然代表我们东方文明中不幸不很发达的一种真正的理想主义，真正的"精神"。

第一，我认为我们东方这些老文明中没有多少精神成分。一个文明容忍像妇女缠足那样惨无人道的习惯到一千多年之久，而差不多没有一声抗议，还有什么精神文明可说？一个文明容忍"种姓制度"（The Cast System）到好几千年之久，还有多大精神成分可说？一个文明把人生看作苦痛而不值得过的，把贫穷和行乞看成美德，把疾病看作天祸，又有什么精神价值可说？

试想象一个老叫花婆子死在极度的贫困里，但临死还念着"南无阿弥陀佛！"——临死还相信她的灵魂可以到阿弥佛陀所主宰的极乐世界中去——试想象这个老叫花婆子有多大的精神价值可说！

现在正是我们东方人应当开始承认那些古老文明中很少精神价值或者完全没有精神价值的时候了；那些老文明本来只属于人类衰老的时代——年老身衰了，心智也颓唐了，就觉得没法子应付大自然的力量了。的确，充分认识那些老文明中并没有多大精神成分，甚或已没有一点生活气力，似乎正是对科学和技术的近代文明要有充分了解所必需的一种知识上的准备；因为这个近代文明正是歌颂人生的文明，正是要利用人类的智慧改善种种生活条件的文明。

第二，在我们东方人是同等重要而不可缺少的，就是明白承认这个科学和技术的新文明并不是什么强加到我们身上的东西，并不是什么西方唯物民族的物质文明，是我们心里轻视而又不能不勉强容受的，——我们要明白承认，这个文明乃是人类真正伟大的精神成就，是我们必须学习去爱好，去尊敬的。因为近代科学是人身上最有精神意味而且的确最神圣的因素的累积成就；那个因素就是人的创造的智慧，是用研究实验的严格方法去求知，求发现，求索出大自然的精微秘密的那种智慧。

"真理不是容易求得的（理未易察）；真理决不肯自己显示给那些凭着空空的两手和没有训练的感官来摸索自然的妄人。科学史和大科学家的传记都是最动人的资料，可以使我们充分了解那些献身科学的人的精神生活——那种耐性、那种毅力、那种忘我的求真的努力，那些足令人心灰气馁的失败，以及忽然得到发现和证实的刹那之间的那种真正的精神上的愉快、高兴。

说来同样有意味的是：连工艺技术也不能看作仅仅是把科学知识应用在工具和机械的制造上。每一样文明的工具都是人利用物质和能力来表现一个观念或一大套观念或概念的产物。人曾被称作 Homo Faber，能制造器具的动物。文明正是由制造器具产生的。

器具的制造的确早就极被人重视，所以有好些大发明，例如火的发明，都被认作某位大神的功劳。据说孔子也有这种很高明的看法，认为一切文明的工具都有精神上的根源，一切工具都是从人的意象生出来的。《周易·系辞传》里说得最好："见乃谓之象；形乃谓之器；利而用之谓之法；利用出入，民咸用之，谓之神。"这是古代一位圣人的说法。所以我们把科学和技术看作人的高度精神成就，这并不算玷辱了我们东方人的身份。

总而言之，我以为我们东方的人，站在科学和技术的新文明的门口,最好有一点这样的精神上的准备,才可以适当地接受、赏识这个文明。

总而言之,我们东方的人最好有一种科学技术的文明的哲学。

大约在三十五年前,我曾经提议对几个常被误用而且很容易混淆的名词——"精神文明"(spiritual civilization),"物质文明"(material civilization),"唯物的文明"(materialistic civilization)——重新考虑,重新下定义。

所谓"物质文明"应该有纯中立的涵义,因为一切文明工具都是观念在物质上的表现,一把石斧或一尊土偶和一只近代大海洋轮船或一架喷射飞机,同样是物质的。一位东方的诗人或哲人生在一只原始的舢板船上,没有理由嘲笑或藐视坐着近代喷射飞机在他的头上飞过的人们的物质文明。

我又曾说到,"唯物的文明"这个名词虽然常被用来讥贬近代西方世界的科学和技术的文明,在我看来却更适宜于形容老世界那些落后的文明。因为在我看来那个被物质环境限制住了、压迫下去了而不能超出物质环境的文明,那个不能利用人的智慧来征服自然以改进人类生活条件的文明,才正是"唯物的"。总而言之,我要说一个感到自己没有力量对抗物质环境而反被物质环境征服了的文明才是"唯物"得可怜。

另一方面,我主张把科学和技术的近代文明看作高度理想主义的、精神的文明。我在大约二十多年前说过:

这样充分运用人的聪明智慧来寻求真理,来控制自然,来变化物质以供人用,来使人免除不必要的辛劳痛苦,来把人的力量增加几千倍、几十万倍,来使人的精神从愚昧、迷信里解放出来,来革新、再造人类的种种制度以谋最大多数的最大幸福。——这样的文明是高度理想主义的文明,是真正精神的文明。

这是我对科学和技术的近代文明的热诚颂赞——我在1925

年和1926年首先用中文演说过并写成文字发表过，后来在1926年和1927年又在英、美两国演说过好几次，后来在1928年又用英文发表，作为俾耳德（Charles A. Beard）教授编的一部论文集《人类何处去》（Whither Mankind）里的一章。

这并不是对东方那些老文明的盲目责难，也决不是对西方近代文明的盲目崇拜。这乃是当年一个研究思想史和文明史的青年学人经过仔细考虑的意见。

我现在回过头去看，我还相信我在大约三十五年前说的话是不错的。我还以为这是对东方和西方文明很公正的估量。我还相信必需有这样的对东方那些老文明，对科学和技术的近代的文明的重新估量，我们东方人才能够真诚而热烈地接受近代科学。

没有一点这样透彻的重新估量，重新评价，没有一点这样的知识上的信念，我们只能够勉强接受科学和技术，当作一种免不了的障碍，一种少不了的坏东西，至多也不过是一种只有功利用处而没有内在价值的东西。

得不到一点这样的科学技术的文明的哲学，我怕科学在我们中间不会深深地生根，我怕我们东方的人在这个新世界里也不会心安理得。

我们对于西洋近代文明的态度

今日最没有根据而又最有毒害的妖言是讥贬西洋文明为唯物的（materialistic），而尊崇东方文明为精神的（spiritual）。这本是很老的见解，在今日却有新兴的气象。从前东方民族受了西洋民族的压迫，往往用这种见解来解嘲，来安慰自己。近几年来，欧洲大战的影响使一部分的西洋人对于近世科学的文化起一种厌倦的反感，所以我们时时听见西洋学者有崇拜东方的精神文明的议论。这种议论，本来只是一时的病态的心理，却正投合了东方民族的夸大狂；东方的旧势力就因此增加了不少的气焰。

我们不愿"开倒车"的少年人，对于这个问题不能没有一种彻底的见解，不能没有一种鲜明的表示。

现在高谈"精神文明"、"物质文明"的人，往往没有共同的标准做讨论的基础，故只能做文字上或表面上的争论，而不能有根本的了解。我想提出几个基本观念来做讨论的标准。

第一，文明（civilization）是一个民族应付他的环境的总成绩。

第二，文化（culture）是一种文明所形成的生活的方式。

第三，凡一种文明的造成，必有两个因子：一是物质的（material），包括种种自然界的势力与质料；一是精神的（spiritual），包括一个民族的聪明才智、感情和理想。凡文明都是人的心思智力运用自然界的质与力的作品；没有一种文明是精神的，也没有一种文明单是物质的。

我想这三个观念是不须详细说明的，是研究这个问题的人都可以承认的。一只瓦盆和一只铁铸的大蒸汽炉，一只舢板船和一只大汽船，一部单轮小车和一辆电力街车，都是人的智慧利用自然界的质力制造出来的文明，同有物质的基础，同有人类的心思才智。这里面只有个精粗巧拙的程度上的差异，却没有根本上的不同。蒸汽铁炉固然不必笑瓦盆的幼稚，单轮小车上的人也更不配自夸他的精神的文明，而轻视电车上人的物质的文明。

因为一切文明都少不了物质的表现，所以"物质的文明"（material civilization）是一个名词不应该有什么讥贬的涵义。我们说一部摩托车是一种物质的文明，不过单指它的物质的形体；其实一部摩托车所代表的人类的心思智慧决不亚于一首诗所代表的心思智慧。所以"物质的文明"不是和"精神的文明"反对的一个贬词，我们可以不讨论。

我们现在要讨论的是（1）什么叫做"唯物的文明"（materialistic civilization）。（2）西洋现代文明是不是唯物的文明。

崇拜所谓东方精神文明的人说，西洋近代文明偏重物质上和肉体上的享受，而略视心灵上与精神上的要求，所以是唯物的文明。

我们先要指出这种议论含有灵肉冲突的成见，我们认为错误的成见。我们深信，精神的文明必须建筑在物质的基础之上。提高人类物质上的享受，增加人类物质上的便利与安逸，这都是朝着解放人类的能力的方向走，使人们不至于把精力心思全抛在仅仅生存之上，使他们可以有余力去满足他们的精神上的要求。东方的哲人曾说：

衣食足而后知荣辱，仓廪实而后知礼节。

这不是什么舶来的"经济史观"；这是平恕的常识。人世的大悲剧是无数的人们终身做血汗的生活，而不能得着最低限度的人生幸福，不能避免冻与饿。人世的更大悲剧是人类的先知先觉者眼看无数人们的冻饿，不能设法增进他们的幸福，却把"乐天"、"安命"、"知足"、"安贫"种种催眠药给他们吃，叫他们自己欺骗自己，安慰自己。西方古代有一则寓言说，狐狸想吃葡萄，葡萄太高了，他吃不着，只好说"我本不爱吃这酸葡萄！"狐狸吃不着甜葡萄，只好说葡萄是酸的；人们享不着物质上的快乐，只好说物质上的享受是不足羡慕的，而贫贱是可以骄人的。这样自欺自慰成了懒惰的风气，又不足为奇了。于是有狂病的人又进一步，索性回过头去，戕贼身体，断臂，绝食，焚身，以求那幻想的精神的安慰。从自欺自慰以至于自残自杀，人生观变成了人死观，都是从一条路上来的：这条路就是轻蔑人类的基本的欲望。朝这条路上走，逆天而拂性，必至于养成懒惰的社会，多数人不肯努力以求人生基本欲望的满足，也就不肯进一步以求心灵上与精神上的发展了。

西洋近代文明的特色便是充分承认这个物质的享受的重要。西洋近代文明，依我的鄙见看来，是建筑在三个基本观念之上：

第一，人生的目的是求幸福。

第二，所以贫穷是一桩罪恶。

第三，所以衰病是一桩罪恶。

借用一句东方古话，这就是一种"利用厚生"的文明。因为贫穷是一桩罪恶，所以要开发富源，奖励生产，改良制造，扩张商业。因为衰病是一桩罪恶，所以要研究医药，提倡卫生，讲求体育，防止传染的疾病，改善人种的遗传。因为人生的目的是求幸福，所以要经营安适的起居，便利的交通，洁净的城市，优美的艺术，安全的社会，清明的政治。纵观西洋近代的一切工艺，科学、法制，固然其中也不少杀人的利器与侵略掠夺的制度，我们终不能不承认那利用厚生的基本精神。

这个利用厚生的文明，当真忽略了人类心灵上与精神上的要求吗？当真是一种唯物的文明吗？

我们可以大胆地宣言：西洋近代文明绝不轻视人类的精神上的要求。我们还可以大胆地进一步说：西洋近代文明能够满足人类心灵上的要求的程度，远非东洋旧文明所能梦见。在这一方面看来，西洋近代文明绝非唯物的，乃是理想主义的（idealistic），乃是精神的（spiritual）。

我们先从理智的方面说起。

西洋近代文明的精神方面的第一特色是科学。科学的根本精神在于求真理。人生世间，受环境的逼迫，受习惯的支配，受迷信与成见的拘束。只有真理可以使你自由，使你强有力，使你聪明圣智；只有真理可以使你打破你的环境里的一切束缚，使你戡天，使你缩地，使你天不怕，地不怕，堂堂地做一个人。

求知是人类天生的一种精神上的最大要求。东方的旧文明对于这个要求，不但不想满足他，并且常想裁制他，断绝他。所以东方古圣人劝人要"无知"，要"绝圣弃智"要"断思维"，要"不识不知，顺帝之则"。这是畏难，这是懒惰。这种文明，还能自夸可以满足心灵上的要求吗？

东方的懒惰圣人说，"吾生也有涯，而知也无涯，以有涯逐无涯，殆已。"所以他们要人静坐澄心，不思不虑，而物来顺应。这是自欺欺人的诳语，这是人类的夸大狂。真理是深藏在事物之中的；你不去寻求探讨，他决不会露面。科学的文明教人训练我们的官能智慧，一点一滴地去寻求真理，一丝一毫不放过，一铢一两地积起来。这是求真理的唯一法门。自然（nature）是一个最狡猾的妖魔，只有敲打逼撑可以逼她吐露真情。不思不虑的懒人只好永远做愚昧的人，永远走不进真理之门。

东方的懒人又说："真理是无穷尽的，人的求知的欲望如何能满足呢？"诚然，真理是发现不完的。但科学决不因此而退缩。科学家明知真理无穷，知识无穷，但他们仍然有他们的满足：进一寸有一寸的愉快，进一尺有一尺的满足。二千多年前，一个希腊哲人思索一个难题，想不出道理来；有一天，他跳进浴盆去洗澡，水涨起来，他忽然明白了，他高兴极了，赤裸裸地跑出门去，在街上乱嚷道，"我寻着了！我寻着了！"（Eureka！ Eureka！）这是科学家的满足。Newton，Pasteur 以至于 Edison 时时有这样的愉快。一点一滴都是进步，一步一步都可以踌躇满志。这种心灵上的快乐是东方的懒圣人所梦想不到的。

这里正是东西文化的一个根本不同之点。一边是自暴自弃的不思不虑，一边是继续不断地寻求真理。

朋友们，究竟是哪一种文化能满足你们的心灵上的要求呢？

其次，我们且看看人类的情感与想象力上的要求。

文艺、美术，我们可以不谈，因为东方的人，凡是能睁开眼睛看世界的，至少还都能承认西洋人并不曾轻蔑了这两个重要的方面。

我们来谈谈道德与宗教罢。

近世文明在表面上还不曾和旧宗教脱离关系，所以近世文化还不曾明白建立它的新宗教新道德。但我们研究历史的人不能不指出近世文明自有它的新宗教与新道德。科学的发达提高了人类的知识，使人们求知的方法更精密了，评判的能力也更进步了，所以旧宗教的迷信部分渐渐被淘汰到最低限度，渐渐地连那最低限度的信仰——上帝的存在与灵魂的不灭——也发生疑问了。所以这个新宗教的第一特色是它的理智化。近世文明仗着科学的武器，开辟了许多新世界，发现了无数新真理，征服了自然界的无数势力,叫电气赶车,叫"以太"送信,真个做出种种动地掀天的大事业来。人类的能力的发展使它渐渐增加对于自己的信仰心,渐渐把向来信天安命的心理变成信任人类自己的心理。所以这个新宗教的第二特色是它的人化。知识的发达不但抬高了人的能力,并且扩大了他的眼界,使他胸襟阔大,想象力高远,同情心浓挚。同时,物质享受的增加使人有余力可以顾到别人的需要与痛苦。扩大了的同情心加上扩大了的能力,遂产生了一个空前的社会化的新道德,所以这个新宗教的第三特色就是它的社会化的道德。

古代的人因为想求得感情上的安慰,不惜牺牲理智上的要求,专靠信心(faith),不问证据,于是信鬼,信神,信上帝,信天堂,信净土,信地狱。近世科学便不能这样专靠信心了。科学并不菲薄感情上的安慰;科学只要求一切信仰须要经得起理智的评判,须要有充分的证据,凡没有充分证据的,只可存疑,不足信仰。赫胥黎(Huxley)说的最好:

如果我对于解剖学上或生理学上的一个小小困难,必须要严格地不信任一切没有充分证据的东西,方才可望有成绩,那么,我对于人生的奇秘的解决,难道就可以不用这样严格的条件吗?这正是十分尊重我们的精神上的要求。我们买一亩田,卖三间屋,尚且要一张契据;关于人生的最高希望的根据,岂可没有证据就胡乱信仰吗?

这种"拿证据来"的态度,可以称为近世宗教的"理智化"。

从前人类受自然的支配,不能探讨自然界的秘密,没有能力抵抗自然的残酷,所以对于自然常怀着畏惧之心。拜物,拜畜生,怕鬼,敬神,"小心翼翼,昭事上帝",都是因为人类不信任自己的能力,不能不依靠一种超自然的势力。现代的人便不同了。人的智力居然征服了自然界的无数质力,上可以飞行无碍,下可以潜行海底,远可以窥算星辰,近可以观察极微。这个两只手一个大脑的动物——人——已成了世界的主人翁，他不能不尊重自己了。一个少年的革命诗人曾这样的歌唱：

> 我独自奋斗，胜败我独自承当，
> 我用不着谁来放我自由，
> 我用不着什么耶稣基督
> 妄想他能替我赎罪替我死。
>
> I fight alone and, win or sink,
> I need no one to make me free,
> I want no Jesus Christ to think
> That he could ever die for me.

这是现代人化的宗教。信任天不如信任人，靠上帝不如靠自己。我们现在不妄想什么天堂天国了，我们要在这个世界上建造"人的乐国"。我们不妄想做不死的神仙了，我们要在这个世界上做个活泼健全的人。我们不妄想什么四禅定六神通了，我们要在这个世界上做个有聪明智慧可以戡天缩地的人。我们也许不轻易信仰上帝的万能了，我们却信仰科学的方法是万能的，人的将来是不可限量的。我们也许不信灵魂的不灭了，我们却信人格是神圣的，人权是神圣的。

这是近世宗教的"人化"。

但最重要的要算近世道德宗教的"社会化"。

古代的宗教大抵注重个人的拯救；古代的道德也大抵注重个人的修养。虽然也有自命普渡众生的宗教，虽然也有自命兼济天下的道德，然而终苦于无法下手，无力实行，只好仍旧回到个人的身心上用功夫，做那向内的修养。越向内做功夫，越看不见外面的现实世界；越在那不可捉摸的心性上玩把戏，越没有能力应付外面的实际问题。即如中国八百年的理学功夫居然看不见二万万妇女缠足的惨无人道！明心见性，何补于人道的苦痛困穷！坐禅主敬，不过造成许多"四体不勤，五谷不分"的废物！

近世文明不从宗教下手，而结果自成一个新宗教；不从道德入门，而结果自成一派新道德。十五十六世纪的欧洲国家简直都是几个海盗的国家，哥伦布（Columbus）、麦哲伦（Magellan）、都芮克（Drake）一班探险家都只是一些大海盗。他们的目的只是寻求黄金、白银、香料、象牙、黑奴。然而这班海盗和海盗带来的商人开辟了无数新地，开拓了人的眼界，抬高了人的想象力，同时又增加了欧洲的富力。工业革命接着起来，生产的方法根本改变了，生产的能力更发达了。二三百年间，物质上的享受逐渐增加，人类的同情心也逐渐扩大。这种扩大的同情心便是新宗教新道德的基础。自己要争自由，同时便想到别人的自由，所以不但自由须以不侵犯他人的自由为界限，并且还进一步要求绝大多数人的自由。自己要享受幸福，同时便想到人的幸福，所以乐利主义（Utilitarianism）的哲学家便提出"最大多数的最大幸福"的标准来做人类社会的目的。这都是"社会化"的趋势。

十八世纪的新宗教信条是自由、平等、博爱。十九世纪中叶以后的新宗教信条是社会主义。这是西洋近代的精神文明，这是东方民族不曾有过的精神文明。

固然东方也曾有主张博爱的宗教，也曾有公田均产的思想。但这些不过是纸上的文章，不曾实地变成社会生活的重要部分，不曾变成范围人生的势力，不曾在东方文化上发生多大的影响。在西方便不然了。"自由、平等、博爱"成了十八世纪的革命口号。美国的革命、法国的革命、1848年全欧洲的革命运动、1862年的南北美战争，都是在这三大主义的旗帜之下的大革命。美国的宪法、法国的宪法，以至于南美洲诸国的宪法，都是受了这三大主义的绝大影响的。旧阶级的打倒，专制政体的推翻，法律之下人人平等的观念的普遍，"信仰、思想、言论、出版"几大自由的保障的实行，普及教育的实施、妇女的解放、女权的运动、妇女参政的实现……都是这个新宗教新道德的实际的表现。这不仅仅是三五个哲学家书本子里的空谈；这都是西洋近代社会政治制度的重要部分，这都已成了范围人生，影响实际生活的绝大势力。

十九世纪以来，个人主义的趋势的流弊渐渐暴白于世了，资本主义之下的苦痛也渐渐明了了。远识的人知道自由竞争的经济制度不能达到真正"自由、平等、博爱"的目的。向资本家手里要求公道的待遇，等于"与虎谋皮"。救济的方法只有两条大路：一是国家利用其权力，实行裁制资本家，保障被压迫的阶级；一是被压迫的阶级团结起来，直接抵抗资本主义、无资产阶级的压迫与掠夺。于是各种社会主义的理论与运动不断地发生。西洋近代文明本建筑在个人求幸福的基础之上，所以向来承认"财产"为神圣的人权之一。但十九世纪中叶以后，这个观念根本动摇了，有的人竟说"财产是贼赃"，有的人竟说"财产是掠夺"。现在私有财产制虽然还存在，然而国家可以征收极重的所得税和遗产税，财产久已不许完全私有了。劳动是向来受贱视的；但资本集中的制度使劳工有大组织的可能，社会主义的宣传与阶级的自觉又使劳工觉悟团结的必要，于是几十年之中有组织的劳动阶级遂成了社会上最有势力的分子。十年以来，工党领袖可以执掌世界强国的政权，同盟总罢工可以服最有势力的政府，俄国的劳农阶级竟做了全国的专政阶级。这个社会主义的大运动现在还正在进行的时期。但他的成绩已很可观了。各国的"社会立法"（social legislation）的发达、工厂的视察、工厂卫生的改良、儿童工作与妇女工作的救济、红利分配制度的推行、缩短工作时间的实行、工人的保险、合作制之推行、最低工资（minimum wage）的运动、失业的救济、级进制的（progressive）所得税与遗产税的实行……这都是这个大运动已经做到的成绩，这也不仅仅是纸上的文章，这也都已成了近代文明的重要部分。

这是"社会化"的新宗教与新道德。

东方的旧脑筋也许要说："这是争权夺利，算不得宗教与道德。"这里又正是东西文化的一个根本不同之点。一边是安分，安命，安贫，乐天，不争，认吃亏；一边是不安分，不安贫，不肯吃亏，努力奋斗，继续改善现成的境地。东方人见人富贵，说他是"前世修来的"；自己贫，也说是"前世不曾修"，说是"命该如此"。西方人便不然，他说，"贫富的不平等、痛苦的待遇，都是制度的不良的结果，制度是可以改良的。"他们不是争权夺利，他们是争自由，争平等，争公道；他们争的不仅仅是个人的私利，他们奋斗的结果是人类绝大多数人的福利。最大多数人的最大幸福，不是袖手念佛号可以得来的，是必须奋斗力争的。

朋友们，究竟是那一种文化能满足你们的心灵上的要求呢？

我们现在可综合评判西洋近代的文明了，这一系的文明建筑在"求人生幸福"的基础之上，确然替人类增进了不少的物质上的享受；然而它也确然很能满足人类的精神上的要求。它在理智的方面，用精密的方法，继续不绝地寻求真理，探索自然界无穷的秘密。它在宗教道德的方面，推翻了迷信的宗教，建立合理的信仰；打倒了神权，建立人化的宗教；抛弃了那不可知的天堂净土，努力建设"人的乐国"、"人世的天堂"；丢开了那自称的个人灵魂的超拔，尽量用人的新想象力和新智力去推行那充分社会化了的新宗教与新道德，努力谋人类最大多数的最大幸福。

东方的文明的最大特色是知足。西洋的近代文明的最大特色是不知足。

知足的东方人自安于简陋的生活，故不求物质享受的提高；自安于愚昧，自安于"不识不知"，故不注意真理的发现与技艺器械的发明；自安于现成的环境与命运，故不想征服自然，只求乐天安命，不想改革制度，只图安分守己，不想革命，只做顺民。

这样受物质环境的拘束与支配，不能跳出来，不能运用人的心思智力来改造环境改良现状的文明，是懒惰不长进的民族的文明，是真正唯物的文明。这种文明只可以遏抑而决不能满足人类精神上的要求。

西方人大不然。他们说"不知足是神圣的"（divine discontent）。物质上的不知足产生了今日钢铁世界、蒸汽机世界、电力世界。理智上的不知足产生了今日的科学世界。社会政治制度上的不知足产生了今日的民权世界、自由政体、男女平权的社会、劳工神圣的喊声、社会主义的运动。神圣的不知足是一切革新一切进化的动力。

这样充分运用人的聪明智慧来寻求真理以解放人的心灵，来制服天行以供人用，来改造物质的环境，来改革社会政治的制度，来谋人类最大多数的最大幸福，——这样的文明应该能满足人类精神上的要求，这样的文明是精神的文明，是真正理想主义的（idealistic）文明，决不是唯物的文明。

固然，真理是无穷的，物质上的享受是无穷的，新器械的发明是无穷的，社会制度的改善是无穷的。但格一物有一物的愉快，革新一器有一器的满足，改良一种制度有一种制度的满意。今日不能成功的，明日明年可以成功；前人失败的，后人可以继续助成。尽一分力便有一分的满意；无穷的进境上，步步都可以给努力的人充分的愉快。所以大诗人邓内孙（Tennyson）借古英雄的 Ulysses 的口气歌唱道：

> 然而人的阅历就像一座穹门，
> 从那里露出那不曾走过的世界。
> 越走越远，永永望不到他的尽头。
> 半路上不干了，多么沉闷呵！

明晃晃的快刀为什么甘心上锈?
难道留得一口气就算得生活了?
……
朋友们,来罢!
去寻一个更新的世界是不会太晚的。
……
用掉的精力固然不回来了,剩下的还不少呢。
现在虽然不是从前那样掀天动地的身手了,
然而我们毕竟还是我们,
——光阴与命运颓唐了几分壮志!
终止不住那不老的雄心,
去努力,去探寻,去发现,
永不退让,不屈伏。

何谈容忍与自由

我们要我们的自由

佛书里有这样一段神话：

有一只鹦鹉，飞过雪山，遇见雪山大火，它便飞到水上，垂下翅膀，沾了两翅的水，飞去滴在火焰上。雪山的大神看它往来滴水救火，对它说道："你那翅膀上的几滴水怎么救得了这一山的大火呢？你歇歇吧？"鹦鹉回答道："我曾住过这山，现在见山烧火，心里有点不忍，所以想尽一点力。"山神听了，感它的诚意，遂用神力把火救熄了。

我们现在创办这个刊物，也只因为我们骨头烧成灰毕竟都是中国人，在这个国家吃紧的关头，心里有点不忍，所以想尽一点力。我们的能力是很微弱的，我们要说的话也许是有错误的，但我们这一点不忍的心也许可以得着国人的同情和谅解。

近两年来，国人都感觉舆论的不自由。在"训政"的旗帜之下，在"维持共信"的口号之下，一切言论自由和出版自由都得受种种的钳制。异己便是反动，批评便是反革命。报纸的新闻和议论至今还受检查。稍不如意，轻的便是停止邮寄，重的便是遭封闭。所以今天全国之大，无一家报刊杂志敢于有翔实的记载或善意的批评。

负责任的舆论机关既被钳制了，民间的怨愤只有三条路可以发泄：一是秘密的传单小册子，二是匿名的杂志文字，三是今天最流行的小报。社会上没有翔实的新闻可读，人们自然愿意向小报中去寻找快意的谣言了。善意的批评既然绝迹，自然只剩一些恶意的谩骂和丑诋了。

一个国家没有纪实的新闻而只有快意的谣言，没有公正的批评而只有恶意的谩骂和丑诋，——这是一个民族的大耻辱。这都是摧残言论出版自由的当然结果。

我们是爱自由的人，我们要我们的思想自由，言论自由，出版自由。

我们不用说，这几种自由是一国学术思想进步的必要条件，也是一国社会政治改善的必要条件。

我们现在要说，我们深深感觉国家前途的危险，所以不忍放弃我们的思想言论的自由。

我们的政府至今还在一班没有现代学识没有现代训练的军人政客的手里，这是不可讳的事实。这个政府，在名义上，应该受一个政党的监督指导。但党的各级机关大都在一班没有现代学识没有现代训练的少年党人手里，他们能贴标语，能喊口号，而不足以监督指导一个现代的国家。这也是不可讳的事实。所以在事实上，党不但不能行使监督指导之权，还往往受政府的支配。最近开会的"第三次全国代表大会"，便有百分之七八十的代表是政府指派或圈定的。所以在事实上，这个政府是绝对的，是没有监督指导的机关的。

以一班没有现代知识训练的人统治一个几乎完全没有现代设备的国家，而丝毫没有监督指导的机关，——这是中国当前最大的危机。

我们所以要争我们的思想言论出版的自由，第一，是要想尽我们的微薄能力，以中国国民的资格，对于国家社会的问题作善意的批评和积极的讨论，尽一点指导监督的天职；第二，是要借此提倡一点新风气，引起国内的学者注意国家社会的问题，大家起来做政府和政党的指导监督。

我们深信，不负责任的秘密传单或匿名文字都不是争自由的正当方法。我们所争的不是匿名文字或秘密传单的自由，乃是公开的，负责任的言论著述出版的自由。

我们深信，争自由的方法在于负责任的人说负责任的话。

我们办这个刊物的目的便是以负责任的人对社会国家的问题说负责任的话。我们用自己的真姓名发表自己良心上用说的话。有谁不赞成我们的主张，尽可以讨论，尽可以批评，有尽可以提起法律上的控诉。但我们不受任何方面的非法干涉。

这是我们的根本态度。

中国文化里的自由传统

中国思想的先锋老子与孔子，可以说是自由主义者。老子说："民不畏死，奈何以死惧之？"孔子说："三军可夺帅也，匹夫不可夺志也。"孟子则说："民为贵，君为轻。"实在是一个重要的自由主义者的传统。

各位朋友，同乡朋友：

今天我看见这么多朋友来听我说话，觉得非常感动，无论什么人，见到这样多人的欢迎，都一定会非常感动的。我应该向诸位抱歉。我本来早一个月来，因为有点小病，到今天才能来，并且很抱歉这次不能去台南、台东看看五十年前我住过的地方，只有希望等下次来时再去。万先生、游先生事先要我确定一个题目"中国文化里的自由传统"。这个题目也可改做"中国文化传统的自由主义"。"自由"这个意义，这个理想，"自由"这个名词，并不是外面来的，不是洋货，是中国古代就有的。

"自由"可说是一个倒转语法，可把它倒转回来为"由自"，就是"由于自己"，就是"由自己做主"，不受外来压迫的意思。宋朝王安石有首白话诗：

　　风吹屋顶瓦，正打破我头。
　　我终不恨瓦，此瓦不自由。

这可表示古代人对于自由的意义，就是"自己做主"的意思。

二千多年有记载的历史，与三千多年所记载的历史，对于自由这种权利，自由这种意义，也可说明中国人对于自由的崇拜，与这种意义的推动。世界的自由主义运动也是爱自由，争取自由，崇拜自由。世界的历史中，对这一运动的努力与贡献，有早有晚，有多有少，但对此运动都有所贡献。中国对于言论自由、宗教自由、批评政府的自由，在历史上都有记载。

中国从古代以来都有信仰、思想、宗教等自由，但是坐监牢而牺牲生命以争取这些自由的人，也不知有多多少少。在中国古代有一种很奇怪的制度，就是谏官制度，相当于现在的监察院。这种谏官制度，成立在中国政治思想、哲学思想之前。这种谏官为的是要监督政府，批评政府，都是冒了很大的危险，甚至坐监，牺牲生命。古时还有人借宗教来批评君主。在《孝经》中就有一章《谏诤章》，要人为"争臣"、"争子"。《孝经》本是教人以服从孝顺，但是君王父亲有错时，做臣子的不得不力争。古代这种谏官制度，可以说是自由主义的一种传统，就是批评政治的自由。此外，在中国古代还有一种史官，就是记载君王的行动，记载君王所行所为以留给千千万万年后的人知道。古代齐国有一个史官，为了记载事实写下"崔杼弑其君"，连父母均被君主所杀，但到了晋国，事实真相依然为史官写出，留传后世。所以古代的史官，正如现在的记者，批评政治，使为政者有所畏惧，这却充分表示言论的自由。

以上所说的一种谏官御史，与史官制度，都可以说明在中国政治思想与哲学思想尚未成立时，就非常尊重批评自由，与思想自由。

中国思想的先锋老子与孔子，也可以说是自由主义者。老子说："民不畏死，奈何以死惧之？"孔子说："三军可夺帅也，匹夫不可夺志也。"老子所代表的"无为政治"，有人说这就是无政府主义，反对政府干涉人民，让人民自然发展，这与孔子所代表的思想都是自由主义者。孔子所说的中庸之道，实在是一个中间偏左的态度，这可从孔子批评当时为政的人的态度而知道。孔子当时提出"有教无类"，可解释为"有了教育就没有阶级，没有界限"。这与后来的科举制度，都能说明"教育的平等"。这种意见，都可以说是一种自由主义者的思想。

孟子说："民为贵，君为轻。"在二三千年前，这种思想能被提出，实在是一个重要的自由主义者的传统。孟子说："富贵不能淫，贫贱不能移，威武不能屈。"这是孟子给读书人一种宝贵的自由主义的精神。

在春秋时代，因为国家多，"自由"的思想与精神比较发达。秦朝统一以后，思想一尊，因为自由受到限制，追求自由的人，处于这"无所逃于天地之间"的环境中，要想自由实在困难，而依然有人在万难中不断追求。在东汉时，王充著过一部《论衡》，共八十篇，主要的用意可以一句说明"疾虚妄"。全书都以说老实话的态度，对当时儒教"灾异"迷信，予以严格的批评，对孔子与孟子都有所批评，可说是从帝国时代中开辟了自由批评的传统。再举一个例：在东汉到南北朝佛教极盛的时候，其中的一位君王梁武帝也迷信佛教。当时有个范缜，他著述几篇重要文章，其中一篇《神灭论》，就是驳斥当时盛行的灵魂不灭，认为"身体"与"灵魂"，有如"刀"之与"利"。假如刀不存在，则无所谓利不利。当时君王命七十位大学士反驳，君王自己也有反驳，他都不屈服，可说是一种思想自由的一个表现。再如唐朝的韩愈，他反抗当时疯狂的迷信。写了一篇《谏迎佛骨表》，痛骂当时举国为佛骨而疯狂的事，而被充军到东南边区。后又作《原道》，依然是反对佛教。在当时佛教如此极盛，他依然敢反对，这正是自由主义的精神。再以后如王阳明的批评朱熹，批评政治，而受到很多苦痛。清朝有"颜李学派",反对当时皇帝提倡的"朱子学派",都可以说明在一种极不自由的时代,而争取思想自由的例子。

在中国这二千多年的政治思想史、哲学思想史、宗教思想史中,都可以说明中国自由思想的传统。

今天已经到了一个危险的时代,已经到了"自由"与"不自由"的斗争,"容忍"与"不容忍"的斗争,今天我就中国三千多年的历史,我们老祖宗为了争政治自由、思想自由、宗教自由,批评自由的传统,介绍给各位,今后我们应该如何地为这自由传统而努力。现在竟还有人说风凉话,说"自由"是有产阶级的奢侈品,人民并不需要自由。假如有一天我们都失去了"自由",到那时候每个人才真正会觉得自由不是奢侈品,而是必需品。

容忍与自由

十七八年前，我最后一次会见我的母校康耐儿大学的史学大师布尔先生（George Lincoln Burr）。我们谈到英国文学大师阿克顿（Lord Acton）一生准备要著作一部《自由之史》，没有完成他就死了。布尔先生那天谈话很多，有一句话我至今没有忘记。他说，"我年纪越大，越感觉到容忍（Tolerance）比自由更重要"。

布尔先生死了十多年了，他这句话我越想越觉得是一句不可磨灭的格言。我自己也有"年纪越大，越觉得容忍比自由还更重要"的感想。有时我竟觉得容忍是一切自由的根本；没有容忍，就没有自由。

我十七岁的时候（1908年）曾在《竞业旬报》上发表几条《无鬼丛话》，其中有一条是痛骂小说《西游记》和《封神榜》的，我说：

《王制》有之："假于鬼神时日卜筮以疑众，杀。"吾独怪夫数千年来之排治权者，之以济世明道自期者，乃懵然不之注意，惑世诬民之学说得以大行，遂举我神州民族投诸极黑暗之世界！……这是一个小孩子很不容忍的"卫道"态度。我在那时候已是一个无鬼论者、无神论者，所以发出那种摧除迷信的狂论，要实行《王制》（《礼让》的一篇）的"假于鬼神时日卜筮以疑众，杀"的一条经典！

我在那时候当然没有梦想到说这话的小孩子在十五年后

（1923年）会很热心的给《西游记》做两万字的考证！我在那时候当然更没有想到那个小孩子在二十年后还时时留心搜求可以考证《封神榜》的作者的材料！我在那时候也完全没有想想《王制》那句话的历史意义。那一段《王制》的全文是这样的：

  析言破律，乱名改作，执左道以乱政，杀。作淫声异服奇技奇器以疑众，杀。行伪而坚，言伪而辩，学非而博，顺非而泽以疑众，杀。假于鬼神时日卜筮以疑众，杀。此四诛者，不以听。

  我在五十年前，完全没有懂得这一段话的"诛"正是中国专制政体之下禁止新思想、新学术、新信仰、新艺术的经典的根据。我在那时候抱着"破除迷信"的热心，所以拥护那"四诛"之中的第四诛："假于鬼神时日卜筮以疑众，杀。"我当时完全没有梦到第四诛的"假于鬼神……以疑众"和第一诛的"执左道以乱政"的两条罪名都可以用来摧残宗教信仰的自由。我当时也完全没有注意到郑玄注里用了公输般作"奇技异器"的例子；更没有注意到孔颖达《正义》里举了"孔子为鲁司寇七日而诛少正卯"的例子来解释"行伪而坚，言伪而辩，学非而博，顺非而泽以疑众，杀"。故第二诛可以用来禁绝艺术创作的自由，也可以用来"杀"许多发明"奇技异器"的科学家。故第三诛可以用来摧残思想的自由，言论的自由，著作出版的自由。

  我在五十年前引用《王制》第四诛，要"杀"《西游记》、《封神榜》的作者。那时候我当然没有想到十年之后我在北京大学教书时就有一些同样"卫道"的正人君子也想引用《王制》的第三诛，要"杀"我和我的朋友们。当年我要"杀"人，后来人要"杀"我，动机是一样的：都只因为动了一点正义的火气，就都失掉容忍的度量了。

  我自己叙述五十年前主张"假于鬼神时日卜筮以疑众，杀"的故事，为的是要说明我年纪越大，越觉得"容忍"比"自由"

还更重要。

我到今天还是一个无神论者，我不信有一个有意志的神，我也不信灵魂不朽的说法。但我的无神论与共产党的无神论有一点根本的不同。我能够容忍一切信仰有神的宗教，也能够容忍一切诚心信仰宗教的人。共产党自己信仰无神论，就要消灭一切有神的信仰，要禁绝一切信仰有神的宗教，——这就是我五十年前幼稚而又狂妄的不容忍的态度了。

我自己总觉得，这个国家，这个社会，这个世界，绝大多数人是信神的，居然能有这雅量，能容忍我的无神论，能容忍我这个不信神也不信灵魂不灭的人，能容忍我在国内和国外自由发表我的无神论的思想，从没有人因此用石头掷我，把我关在监狱里，或把我捆在柴堆上用火烧死。我在这个世界里居然享受了四十多年的容忍与自由。我觉得这个国家，这个社会，这个世界对我的容忍度量是可爱的，是可以感激的。

所以我自己总觉得我应该用容忍的态度来报答社会对我的容忍。所以我自己不信神，但我能诚心地谅解一切信神的人，也能诚心地容忍并臣敬重一切信仰有神的宗教。

我要用容忍的态度来报答社会对我的容忍，因为我年纪越大，我越觉得容忍的重要意义。若社会没有这点容忍的气度，我决不能享受四十多年大胆怀疑的自由，公开主张无神论的自由。

在宗教自由史上，在思想自由史上，在政治自由史上，我们都可以看见容忍的态度是最难得、最稀有的态度。人类的习惯总是喜同而恶异的，总不喜欢和自己不同的信仰、思想、行为。这就是不容忍的根源。不容忍只是不能容忍和我自己不同的新思想和新信仰。一个宗教团体总相信自己的宗教信仰是对的，是不会错的，所以它总相信那些和自己不同的宗教信仰必定是错的，必定是异端，邪教。一个政治团体总相信自己的政治主张是对的，是不会错的，所以它总相信那些和自己不同的政治见解必定是错的，必定是敌人。

一切对异端的迫害，一切对"异己"的摧残，一切宗教自由的禁止，一切思想言论的被压迫，都由于这一点深信自己是不会错的心理。因为深信自己是不会错的，所以不能容忍任何和自己不同的思想信仰了。

试看欧洲的宗教革新运动的历史。马丁路德（Martin Luther）和约翰·高尔文（John Calvin）等人起来革新宗教，本来是因为他们不满意于罗马旧教的种种不容忍，种种不自由。但是新教在中欧北欧胜利之后，新教的领袖们又都渐渐走上了不容忍的路上去，也不容许别人起来批评他们的新教条了。高尔文在日内瓦掌握了宗教大权，居然会把一个敢独立思想，敢批评高尔文的教条的学者塞维图斯（Servetus）定了"异端邪说"的罪名，把他用铁链镇在木桩上，堆起柴来，慢慢地活烧死。这是1553年10月23日的事。

这个殉道者塞维图斯的惨史，最值得人们的追念和反省。宗教革新运动原来的目标是要争取"基督教的人的自由"和"良心的自由"。何以高尔文和他的信徒们居然会把一位独立思想的新教徒用慢慢地火烧死呢？何以高尔文的门徒（后来继任高尔文为日内瓦的宗教独裁者）柏时（De Beze）竟会宣言"良心的自由是魔鬼的教条"呢？

基本的原因还是那一点深信我自己是"不会错的"的心理。像高尔文那样虔诚的宗教改革家，他自己深信他的良心确是代表上帝的命令，他的口和他的笔确是代表上帝的意志，那么他的意见还会错吗？他还有错误的可能吗？在塞维图斯被烧死之后，高尔文曾受到不少人的批评。1554年，高尔文发表一篇文字为他自己辩护，他毫不迟疑地说："严厉惩治邪说者的权威是无可疑的，因为这就是上帝自己说话。……这工作是为上帝的光荣战斗。"

上帝自己说话，还会错吗？为上帝的光荣作战，还会错吗？这一点"我不会错"的心理，就是一切不容忍的根苗。深信我自己的信念没有错误的可能（infallible），我的意见就是"正义"，反对我的人当然都是"邪说"了。我的意见代表上帝的意旨，反对我的人的意见当然都是"魔鬼的教条"了。

这是宗教自由史给我们的教训：容忍是一切自由的根本；没有容忍"异己"的雅量，就不会承认"异己"的宗教信仰可以享受自由。但因为不容忍的态度是基于"我的信念不会错"的心理习惯，所以容忍"异己"是最难得，最不容易养成的雅量。

在政治思想上，在社会问题的讨论上，我们同样地感觉到不容忍是常见的，而容忍总是很稀有的。我试举一个死了的老朋友的故事作例子。四十多年前，我们在《新青年》杂志上开始提倡白话文学的运动，我曾从美国寄信给陈独秀，我说：

此事之是非，非一朝一夕所能定，亦非一二人所能定。甚愿国中人士能平心静气与吾辈同力研究此问题。讨论既熟，是非自明。各辈已张革命之旗，虽不容退缩，然亦决不敢以吾辈所主张为必是而不容他人之匡正也。

独秀在《新青年》上答我道：

鄙意容纳异议，自由讨论，固为学术发达之原则，独于改良中国文学当以白话为正宗之说，其是非甚明，必不容反对者有讨论之余地；必以吾辈所主张者为绝对之是，而不容他人之匡正也。

我当时看了就觉得这是很武断的态度。现在在四十多年之后，我还忘不了独秀这一句话，我还觉得这种"必以吾辈所主张者为绝对之是"的态度是很不容忍的态度，是最容易引起别人的恶感，是最容易引起反对的。

我曾说过，我应该用容忍的态度来报答社会对我的容忍。我现在常常想，我们还得戒律自己：我们若想别人容忍谅解我们的见解，我们必须先养成能够容忍谅解别人的见解的度量，至少我们应该戒约自己决不可"以吾辈所主张者为绝对之是"。我们受过实验主义的训练的人，本来就不承认有"绝对之是"，更不可以"以吾辈所主张者为绝对之是"。

自由主义

孙中山先生曾引一句外国成语："社会主义有五十七种，不知哪一种是真的。"其实"自由主义"也可以有种种说法，人人都可以说他的说法是真的，今天我说的"自由主义"，当然只是我的看法，请大家指教。

自由主义最浅显的意思是强调的尊重自由，现在有些人否认自由的价值，同时又自称是自由主义者。自由主义里没有自由，那就好像长坂坡里没有赵子龙，空城计里没有诸葛亮，总有点叫不顺口罢！据我的拙见，自由主义就是人类历史上那个提倡自由，崇拜自由，争取自由，充实并推广自由的大运动。"自由"在中国古文里的意思是："由于自己"，就是不由于外力，是从外力裁制之下解放出来，才能"自己做主"。在中国古代思想里，"自由"就等于自然，"自然"是"自己如此"，"自由"是"由于自己"，都有不由于外力拘束的意思。陶渊明的诗："久在樊笼里，复得返自然"，这里"自然"二字可以说是完全同"自由"一样。王安石的诗："风吹瓦堕屋，正打破我头……我终不嗔渠，此瓦不自由。"

这就是说，这片瓦的行动是被风吹动的，不是由于自己的力量。中国古人太看重"自由"，"自然"的"自"字，所以往往看轻外面的拘束力量，也许是故意看不起外面的压迫，故意回向自己内心去求安慰，求自由。这种回向自己求内心的自由，有几种方式，一种是隐遁的生活——逃避外力的压迫，一种是梦想神仙的生活——行动自由，变化自由——正如庄子说，列子御风而行，还是"有待"，"有待"还不是真自由，最高的生活是事人无待于外，道教的神仙，佛教的西天净土，都含有由自己内心去寻求最高的自由的意义。我们现在讲的"自由"，不是那种内心境界，我们现在说的"自由"，是不受外力拘束压迫的权利，是在某一方面的生活不受外力限制束缚的权利。

在宗教信仰方面不受外力限制，就是宗教信仰自由。在思想方面就是思想自由，在著作出版方面，就是言论自由，出版自由。这些自由都不是天生的，不是上帝赐给我们的，是一些先进民族用长期的奋斗努力争出来的。

人类历史上那个自由主义大运动实在是一大串解放的努力。宗教信仰自由只是解除某个宗教威权的束缚，思想自由只是解除某派某派思想威权的束缚。在这些方面……在信仰与思想的方面，东方历史上也有很大胆的批评者与反抗者。从墨翟、杨朱，到桓谭、王充，从范缜、傅奕、韩愈，到李贽、颜元、李塨，都可以说是为信仰思想自由奋斗的东方豪杰之士，很可以同他们的西方同志齐名比美，我们中国历史上虽然没有抬出"争自由"的大旗子来做宗教运动，思想运动，或政治运动，但中国思想史与社会政治史的每一个时代都可以说含有争取某种解放的意义。

我们的思想史的第一个开山时代，就是春秋战国时代——就有争取思想自由的意义。

古代思想的第一位大师老子，就是一位大胆批评政府的人。他说："天下多忌讳,而民弥贫。""法令滋彰,盗贼多有。""民之饥,以其上食税之多,是以饥。""民之难治,以其上之有为,是以难治。""民之轻死,以其求生之厚,是以轻死。""天之道,损有余，而补不足。""人之道则不然，损不足以奉有余。"老子同时的邓析是批评政府而被杀的。另一位更伟大的人就是孔子，他也是一位偏向左的"中间派"，他对于当时的宗教与政治，都有大胆的批评，他的最大胆的思想是在教育方面：

有教无类，"类"是门类，是阶级民族，"有教无类"，是说："有了教育，就没有阶级民族了。"

从老子孔子打开了自由思想的风气，二千多年的中国思想史，宗教史，时时有争自由的急先锋，有时还有牺牲生命的殉道者。孟子的政治思想可以说是全世界的自由主义的最早的一个倡导者。孟子提出的"大丈夫"是"贫贱不能移，富贵不能淫，威武不能屈"。这是中国经典里自由主义的理想人物。在二千多年历史上，每到了宗教与思想走进了太黑暗的时代，总有大思想家起来奋斗，批评，改革。

汉朝的儒教太黑暗了，就有桓谭，王充，张衡起来，做大胆的批评。后来佛教势力太大了，就有齐梁之间的范缜，唐朝初年的傅奕，唐朝后期的韩愈出来，大胆地批评佛教，攻击那在当时气焰熏天的佛教。大家都还记得韩愈攻击佛教的结果是："一封朝奏九重天，夕贬潮阳路八千。"佛教衰落之后，在理学极盛时代，也曾有多少次批评正统思想或反抗正统思想的运动。王阳明的运动就是反抗朱子的正统思想的。李卓吾是为了反抗一切正宗而被拘捕下狱，他在监狱里自杀的，他死在北京，葬在通州，这个七十六岁的殉道者的坟墓，至今存在，他的书经过多少次禁止，但至今还是很流行的。北方的颜李学派，也是反对正统的程朱思想的。当时，这个了不得的学派很受正统思想的压迫，甚至于不能公开地传授。这三百年的汉学运动，也是一种争取宗教自由思想自由的运动。汉学是抬出汉朝的书作招牌，来掩护一个批评宋学的大运动。这就等于欧洲人抬出《圣经》来反对教会的权威。

但是东方自由主义运动始终没有抓住政治自由的特殊重要性，所以始终没有走上建设民主政治的路子。西方的自由主义绝大贡献正在这一点，他们觉悟到只有民主的政治方才能够保障人民的基本自由，所有自由主义的政治意义是强调的拥护民主。一个国家的统治权必须放在多数人民手里，近代民主政治制度是安格罗撒克逊民族的贡献居多，代议制度是英国人的贡献，成文而可以修改的宪法是英美人的创制，无记名投票是澳洲人的发明，这就是政治的自由主义应该包含的意义。

我们古代也曾有"天视自我民视，天听自我民听"，"民为邦本"，"民为贵，社稷次之，君为轻"的民主思想。我们曾在二千年前就废除了封建制度，做到了大一统的国家，在这个大一统的帝国里，我们曾建立了一种全世界最久的文官考试制度，使全国才智之士有参加政府的平等制度。但，我们始终没有法可以解决君主的专制的问题，始终没有建立一个制度来限制君主的专制大权，世界只有安格罗撒克逊民族在七百年中逐渐发展出好几种民主政治的方式与制度，这些制度可以用在小国，也可以用在大国。(1) 代议制度，起源很早，但史家指 1295 年为正式起始。(2) 成文宪，最早的 1215 年的大宪章，近代的是美国宪法（1789 年）。(3) 无记名投票（政府预备选举票，票上印各党候选人的姓名，选民秘密填记）是 1856 年 South Australia 最早采用的。

自由主义在这两百年的演进史上，还有一个特殊的、空前的政治意义，就是容忍反对党，保障少数人的自由权利。向来政治斗争不是东风压了西风，就是西风压了东风，被压的人是没有好日子过的，但近代西方的民主政治却渐渐养成了一种容忍异己的度量与风气。因为政权是多数人民授予的，在朝执政权的党一旦失去了多数人民的支持，就成了在野党了，所以执政权的人都得准备下台时坐冷板凳的生活，而个个少数党有逐渐变成多数党的可能。甚至于极少数人的信仰与主张，"好像一粒芥子，在各种种子里是顶小的，等到它生长起来，却比各种菜蔬都大，竟成了小树，空中的飞鸟可以来停在它的枝上。"（《新约·马太福音》十四章，圣地的芥菜可以高到十英尺。）人们能这样想，就不能不存容忍别人的态度了，就不能不尊重少数人的基本自由了。在近代民主国家里，容忍反对党，保障少数人的权利，久已成了当然的政治作风，这是近代自由主义里最可爱慕而又最基本的一个方面。我做驻美大使的时期，有一天我到费城去看我的一个史学老师白尔教授，他平生最注意人类争取自由的历史，这时候他已八十岁了。他对我说："我年纪越大，越觉得容忍比自由还要重要。"这句话我至今不忘记。为什么容忍比自由还要要紧呢？因为容忍就是自由的根源，没有容忍，就没有自由可说了。至少在现代，自由的保障全靠一种互相容忍的精神，无论是东风压了西风，还是西风压了东风，都是不容忍，都是摧残自由。多数人若不能容忍少数人的思想信仰，少数人当然不会有思想信仰的自由。反过来说，少数人也得容忍多数人的思想信仰，因为少数人要是时常怀着"有朝一日权在手，杀尽异教方罢休"的心理，多数人也就不能不行"斩草除根"的算计了。最后我要指出，现代的自由主义，还含有"和平改革"的意思。

和平改革有两个意义，第一就是和平的转移政权，第二就是用立法的方法，一步步地做具体改革，一点一滴地求进步。容忍反对党，尊重少数人权利，正是和平的社会政治改革的唯一基础。反对党的对立，第一是为政府树立最严格的批评监督机关，第二是使人民可以有选择的机会，使国家可以用法定的和平方式来转移政权，严格地批评监督，和平地改换政权，都是现代民主国家做到和平革新的大路。近代最重大的政治变迁，莫过于英国工党的执掌政权。英国工党在五十多年前，只能选择出十几个议员，三十年后，工党两次执政，但还站不长久，到了战争胜利之年（1945年），工党得到了绝对多数的选举票，故这次工党的政权，是巩固的，在五年之内，谁都不能推翻他们，他们可以放手改革英国的工商业，可以放手改革英国的经济制度，这样重大的变化，——从资本主义的英国变到社会主义的英国，不用流一滴血，——不用武装革命，只靠一张无记名的选举票，这种和平的革命基础，只是那容忍反对党的雅量，只是那保障少数人自由权利的政治制度，顶顶小的芥子不曾受摧残，在五十年后居然变成大树了。自由主义在历史上有解除束缚的作用，故有时不能避免流血的革命，但自由主义的运动，在最近百年中最大成绩，例如英国自从1832年以来的政治革新，直到今日的工党政府，都是不流血的和平革新，所以在许多人的心目中自由主义竟成了"和平改革主义"的别名，有些人反对自由主义，说它是"不革命主义"，也正是如此。我们承认现代的自由主义正应该有"和平改革"的含义，因为在民主政治已上了轨道的国家里，自由与容忍铺下了和平改革的大路，自由主义者也就不觉得有暴力革命的必要了。

这最后一点，有许多没有忍耐心的年轻人也许听了不满意，他们要"彻底改革"，不要那一点一滴的立法，他们要暴力革命，不要和平演进。我很诚恳地指出，近代一百六七十年的历史，很清楚地指示我们，凡主张彻底改革的人，在政治上没有一个不走上绝对专制的路，这是很自然的，只有绝对的专制政权可以铲除一切反对党，消灭一切阻力，也只有绝对的专制政治可以不择手段，不惜代价，用最残酷的方法做到他们认为根本改革的目的。他们不承认他们的见解会有错误，他们也不能承认反对他们的人也会有值得考虑的理由，所以他们绝对不能容忍异己，也绝对不能容许自由的思想与言论。所以我很坦白地说，自由主义为了尊重自由与容忍，当然反对暴力革命，与暴力革命必然引起来的暴力专制政治。

总结起来，自由主义的第一个意义是自由，第二个意义是民主，第三个意义是容忍——容忍反对党，第四个意义是和平的渐进的改革。

"宁鸣而死,不默而生"
——九百年前范仲淹争自由的名言

几年前,有人问我,美国开国前期争自由的名言"不自由,毋宁死"(原文是 Patrick Henry 在1775年的"给我自由,否则给我死"Give me liberty, or give me death),在中国有没有相似的话。我说,我记得是有的,但一时记不清楚是谁说的了。

我记得是在王应麟的《困学纪闻》里见过有这样一句话,但这几年我总没有机会去翻查《困学纪闻》。今天偶然买得一部影印元本的《困学纪闻》,昨天检得卷十七有这一条。

范文正《灵乌赋》曰:"宁鸣而死,不默而生",其言可以立儒。

"宁鸣而死,不默而生",当时往往专指谏诤的自由,我们现在叫做言论自由。

范仲淹生在西历989,死在1052,他死了九百零三年了。他作《灵乌赋》答梅圣俞的《灵乌赋》,大概是在景佑三年(1036年)他同欧阳修、余靖、尹洙诸人因言事被贬谪的时期。这比亨利柏烈的"不自由,毋宁死"的话要早七百四十年。这也可以特别记出,作为中国争自由史上的一段佳话。

梅圣俞名尧臣,生在西历1003,死在1061。他的集中有《灵乌赋》。原是寄给范仲淹的,大意是劝他的朋友们不要多说话。赋中有这句子:

凤不时而鸣,

> 乌哑哑兮招唾骂于里间。
> 乌兮，事将乖而献忠，
> 人反谓尔多凶。……
> 胡不若凤之时鸣，
> 人不怪兮不惊！……
> 乌兮，尔可，
> 吾令语汝，庶或我（原作汝，似误）听。
> 结尔舌兮铃尔喙，
> 尔饮啄兮尔自遂，
> 同翱翔兮八九子，
> 勿噪啼兮勿睥睨，
> 往来城头无尔累。

这篇赋的见解、文辞都不高明。（圣俞后来不知因何事很怨恨范文正，又有《灵乌后赋》，说他"憎鸿鹄之不亲，爱燕雀之来附。既不我德，又反我怒。……远已不称，昵已则誉。"集中又有《谕乌诗》，说，"乌时来佐凤，署置且非良，咸用所附已，欲同助翱翔。"此下有一长段丑诋的话，好像也是骂范文正的。这似是圣俞传记里一件疑案；前人似没有注意到。）

范仲淹作《灵乌赋》，有自序说：

> 梅君圣俞作是赋，曾不我鄙，而寄以为好。因勉而和之，庶几感物之意同归而殊途矣。

因为这篇赋是中国古代哲人争自由的重要文献，所以我多摘抄几句：

> 灵乌，灵乌，
> 尔之为禽兮何不高飞而远藏？
> 何为号呼于人兮告吉凶而逢怒！
> 方将折尔翅而烹尔躯，

徒悔焉而亡路。
彼哑哑兮如想,
请臆对而忍谕:
我有生兮累阴阳之含育,
我有质兮虑天地之覆露。
长慈母之危巢,
托主人之佳树。……
母之鞠兮孔艰,
主之仁兮则安。
度春风兮既成我以羽翰,
眷高柯兮欲去君而盘桓。
思报之意,厥声或异:
忧于未形,恐于未炽。
知我者谓吉之先,
不知我者谓凶之类。
故告之则反灾于身,
不告之则稔祸于人。
主恩或忘,我怀靡臧。
虽死而告,为凶之防。
亦由桑妖于庭,惧而修德,俾王之兴。
雉怪于鼎,惧而修德,俾王之盛。
天德甚迩,人言曷病!
彼希声之凤皇,
亦见讥于楚狂。
彼不世之麒麟,
亦见伤于鲁人。
凤岂以讥而不灵?

> 麟岂以伤而不仁?
> 故割而可卷,孰为神兵?
> 焚而可变,孰为英琼?
> 宁鸣而死,不默而生!
> 胡不学太仓之鼠兮,
> 何必仁为,丰食而肥?
> 仓苟竭兮,吾将安归!
> 又不学荒城之狐兮,
> 何必义为,深穴而威?
> 城苟圮兮,吾将畴依!
> ……
> 我鸟也勤于母兮自天,
> 爱于主兮自天。
> 人有言兮是然。
> 人无言兮是然。

这是九百多年前一个中国政治家争取言论自由的宣言。

赋中"忧于未形,恐于未炽"两句,范公在十年后(1046年)在他最后被贬谪之后一年,作《岳阳楼记》,充分发挥成他最有名的一段文字:

> 嗟夫,予尝求古仁人之心,……不以物喜,不以己悲,居庙堂之高则忧其民,处江湖之远则忧其君,是进亦忧,退亦忧。然则何时而乐耶?其必曰"先天下之忧而忧,后天下之乐而乐"乎?噫,微斯人,吾谁与归?

当前此三年(1043年)他同韩琦、富弼同在政府的时期,宋仁宗有手诏,要他们"尽心为国家诸事建明,不得顾忌"。范仲淹有《答手诏条陈十事》,引论里说:

> 我国家革三代之乱,富有四海,垂八十年。纲纪制度,日削

月侵，官壅于下，民困于外，夷狄骄盛，寇盗横炽，不可不更张以救之。

这是他在所谓"庆历盛世"的警告。那十事之中，有"精贡举"一事，他说：

……国家乃专以辞赋取进士，以墨义取进诸科。士皆舍大方而趋小道。虽济济盈庭，求有才有识者，十无一二。况天下危困，乏人如此，将何以救？在乎教以经济之才，庶可以救其不逮。或谓救弊之术无乃后时？臣谓四海尚完，朝谋而夕行，庶乎可济。安得晏然不救、坐俟其乱哉？

这是在中原沦陷之前八十三年提出的警告。这就是范仲淹所说的"忧于未形，恐于未炽"；这就是他说的"先天下之忧而忧"。

从中国向来知识分子的最开明的传统看，言论的自由、谏诤的自由，是一种"自天"的责任，所以说，"宁鸣而死，不默而生"。

从国家与政府的立场看，言论的自由可以鼓励人人肯说"忧于未形，恐于未炽"的正论危言，来替代小人们天天歌功颂德、鼓吹升平的滥调。

个人自由与社会进步
——再谈五四运动

5月5日《大公报》的"星期论文"是张熙若先生的《国民人格之修养》。这篇文字也是纪念"五四"的,我读了很受感动,所以转载在这一期。我读了张先生的文章,也有一些感想,写在这里作今年五四纪念的尾声。

这年头是"五四运动"最不时髦的年头。前天五四,除了北京大学依惯例还承认这个北大纪念日之外,全国的人都不注意这个日子了。张熙若先生"雪中送炭"的文章使人颇吃一惊。他是政治哲学的教授,说话不离本行,他指出五四运动的意义是思想解放,思想解放使得个人解放,个人解放产出的政治哲学是所谓个人主义的政治哲学。他充分承认个人主义在理论上和事实上都有缺点和流弊,尤其在经济方面。但他指出个人主义自有它的优点:最基本的是它承认个人是一切社会组织的来源。他又指出个人主义的政治理论的神髓是承认个人的思想自由和言论自由。他说:

> 个人主义在理论上及事实上都有许多缺陷和流弊,但以个人的良心为判断政治上是非之最终标准,却毫无疑义是它的最大优点,是它的最高价值。……至少,它还有养成忠诚勇敢的人格的用处。此种人格在任何政制下(除过与此种人格根本冲突的政制)都是有无上价值的,都应该大量地培养的。……今日若能多多培

养此种人材，国事不怕没有人担负。救国是一种伟大的事业，伟大的事业惟有伟大人格者才能胜任。

张先生的这段议论，我大致赞同。他把"五四运动"一个名词包括"五四"（民国八年）前后的新思潮运动，所以他的文章里有"民国六七年的五四运动"一句话。这是五四运动的广义，我们也不妨沿用这个广义的说法。张先生所谓"个人主义"，其实就是"自由主义"（Liberalism）。我们在民国八九年之间，就感觉到当时的"新思潮"、"新文化"、"新生活"有仔细说明意义的必要。无疑的，民国六七年北京大学所提倡的新运动，无论形式上如何五花八门，意义上只是思想的解放与个人的解放。蔡元培先生在民国元年就提出"循思想自由言论自由之公例，不以一流派之哲学一宗门之教义梏其心"的原则了。他后来办北京大学，主张思想自由、学术独立、百家平等。在北京大学里，辜鸿铭、刘师培、黄侃、陈独秀和钱玄同等同时教书讲学。别人颇以为奇怪，蔡先生只说："此思想自由之通则，而大学之所以为大也。"（《言行录》页二二九）这样的百家平等，最可以引起青年人的思想解放。我们在当时提倡的思想，当然很显出个人主义的色彩。但我们当时曾引杜威先生的话，指出个人主义有两种：

（1）假的个人主义就是为我主义（Egoism），他的性质是只顾自己的利益，不管群众的利益。

（2）真的个人主义就是个性主义（Individuality），他的特性有两种：一是独立思想，不肯把别人的耳朵当耳朵，不肯把别人的眼睛当眼睛，不肯把别人的脑力当自己的脑力。二是个人对于自己思想信仰的结果要负完全责任，不怕权威，不怕监禁杀身，只认得真理，不认得个人的利害。

这后一种就是我们当时提倡的"健全的个人主义"。我们当日介绍易卜生（Ibsen）的著作，也正是因为易卜生的思想最可以代表那种健全的个人主义。这种思想有两个中心见解：第一是充分发展个人的才能，就是易卜生说的："你要想有益于社会，最好的法子莫如把你自己这块材料铸造成器。"第二是要造成自由独立的人格，像易卜生的《国民公敌》戏剧里的斯铎曼医生那样"贫贱不能移，富贵不能淫，威武不能屈"。这就是张熙若先生说的"养成忠诚勇敢的人格"。

近几年来，五四运动颇受一班论者的批评，也正是为了这种个人主义的人生观。平心说来，这种批评是不公道的，是根据于一种误解的。他们说个人主义的人生观是资本主义社会的人生观。这是滥用名词的大笑话。难道在社会主义的国家里就可以不用充分发展个人的才能了吗？难道社会主义的国家里就用不着有独立自由思想的个人了吗？难道当时辛苦奋斗创立社会主义共产主义的志士仁人都是资本主义社会的奴才吗？我们试看苏俄现在怎样用种种方法来提倡个人的努力（参看《独立》第一二九号西滢的《苏俄的青年》，和蒋廷黻的《苏俄的英雄》），就可以明白这种人生观不是资本主义社会所独有的了。

还有一些人嘲笑这种个人主义，笑它是十九世纪维多利亚时代的过时思想。这种人根本就不懂得维多利亚时代是多么光华灿烂的一个伟大时代。马克思、恩格斯都生死在这个时代里，都是这个时代的自由思想独立精神的产儿。他们都是终身为自由奋斗的人。我们去维多利亚时代还老远哩。我们如何配嘲笑维多利亚时代呢！

所以我完全赞同张熙若先生说的"这种忠诚勇敢的人格在任何政治下都是有无上价值的，都应该大量地培养的"。因为这种人格是社会进步的最大动力。欧洲十八九世纪的个人主义造出了无数爱自由过于面包，爱真理过于生命的特立独行之士，方才有今日的文明世界。我们现在看见苏俄的压迫个人自由思想，但我们应该想想，当日在西伯利亚冰天雪地里受监禁拘囚的十万革命志士，是不是新俄国的先锋？我们到莫斯科去看了那个很感动人的"革命博物馆"，尤其是其中展览列宁一生革命历史的部分，我们不能不深信：一个新社会、新国家，总是一些爱自由爱真理的人造成的，决不是一班奴才造成的。

张熙若先生很大胆地把五四运动和民国十五六年的国民革命运动相提并论，并且很大胆地说这两个运动走的方向是相同的。这种议论在今日必定要受不少的批评，因为有许多人决不肯承认这个看法。平心说来，张先生的看法也不能说是完全正确。民国十五六年的国民革命运动至少有两点是和民国六七八年的新运动不同的：一是苏俄输入的党纪律，一是那几年的极端民族主义。苏俄输入的铁纪律含有绝大的"不容忍"（intoleration）的态度，不容许异己的思想，这种态度是和我们在五四前后提倡的自由主义很相反的。民国十六年的国共分离，在历史上看来，可以说是国民党对于这种不容异己的专制态度的反抗。可惜清党以来，六七年中，这种"不容忍"的态度养成的专制习惯还存在不少人的身上。刚推翻了布尔什维克的不容异己，又学会了法西斯蒂的不容异己，这是很不幸的事。

"五四"运动虽然是一个很纯粹的爱国运动，但当时的文艺思想运动却不是狭义的民族主义运动。蔡元培先生的教育主张是显然带有"世界观"的色彩的（《言行录》页一九七）。《新青年》的同人也都很严厉地批评指斥中国旧文化。其实孙中山先生也是抱着大同主义的，他是信仰"天下为公"的理想的。但中山先生晚年屡次说起鲍洛庭同志劝他特别注重民族主义的策略，而民国十四五年的远东局势，又逼我们中国人不得不走上民族主义的路。十四年到十六年的国民革命的大胜利，不能不说是民族主义的旗帜的大成功。可是民族主义有三个方面：最浅的是排外，其次是拥护本国固有的文化,最高又最艰难的是努力建立一个民族的国家。因为最后一步是最艰难的,所以一切民族主义运动往往最容易先走上前面的两步。济南惨案以后,"九一八"以后,极端的叫嚣的排外主义稍稍减低了,然而拥护旧文化的喊声又四面八方地热闹起来了。这里面容易包藏守旧开倒车的趋势,所以也是很不幸的。

在这两点上,我们可以说,民国十五六年的国民革命运动,是不完全和五四运动同一个方向的。但就大体上说,张熙若先生的看法也有不小的正确性。孙中山先生是受了很深的安格鲁撒克逊民族的自由主义的影响的,他无疑的是民治主义的信徒,又是大同主义的信徒。他一生奋斗的历史都可以证明他是一个爱自由爱独立的理想主义者。我们看他在民国九年一月《与海外同志书》(引见上期《独立》)里那样赞扬五四运动,那样承认"思想之转变"为革命成功的条件;——我们更看他在民国十三年改组国民党时那样容纳异己思想的宽大精神,——我们不能不承认,至少孙中山先生理想中的国民革命是和五四运动走同一方向的。因为中山先生相信"革命之成功必有赖于思想之转变",所以他能承认五四运动前后的"新文化运动实为最有价值的事"。思想的转变是在思想自由言论自由的条件之下个人不断地努力的产儿。个人没有自由,思想又何从转变,社会又何从进步,革命又何从成功呢?

争自由的宣言

我们本不愿意谈实际的政治,但是实际的政治却没有一时一刻不来妨害我们。自辛亥革命直到现在,已经有九个年头,这九年在假共和政治之下,经验了种种不自由的痛苦,便是政局变迁。这党把那党赶掉,然我全国不自由的痛苦仍同从前一样。政治逼迫我们到这样无路可走的时候,我们便不得不起一种彻底觉悟,认定政治如果不由人民发动,断不会有真共和实现。但是如果想使政治由人民发动,不得不先有养成国人自由思想自由批判的真精神的空气。我们相信人类自由的历史,没有一国不是人民费去一滴滴的血汗换得来的。没有肯为自由而战的人民,绝不会有真正的自由出现。这几年来军阀政党胆敢这样横行,便是国民缺乏自由思想自由批判的真精神的表现。我们现在认定有几种基本的最小限度的自由,是人民和社会生存的命脉,故把它郑重提出,请我全国同胞起来力争。

(一)治安警察条例。把人民政治总社、政谈集合、屋外集合、公众运动、游戏、群集、演说、布告和工人聚集、女子参政种种自由,交给警察官署去任意处理,结果便把改造社会的政治运动、思想宣传运动、劳动运动、女子运动根本打消,使约法上规定的集会结社自由,成了一句废话。故民国三年三月二日所公布的治安警察条例,应即废止。

（二）出版法。把人民著作发行、印刷、出售、散布文书图画的自由，交给警察官署或县知事处理，不独把宣传文化灌输学术思想的工具完全破坏，并连约法上出版自由，也根本消灭。故民国三年十二月四日所公布的出版法，应即废止。

（三）报纸条例。把日刊、周刊、旬刊、月刊年刊和不定期刊的言论自由，放在警察官署手里，并且先要求许多保押费，这是中国抄袭日本的特别法律，结果把个人意见和社会舆论的发表权，寄附在警察官喜怒之下。思想既不能自由，舆论也不能独立，约法上言论自由的规定，还有什么效力。故民国三年四月二日所公布的报纸条例，应即废止。

（四）管理印刷业条例。把印刷局的营业自由完全剥夺，使约法上营业自由全归无效。故民国八年所公布中管理印刷业条例，应即废止。

（五）预戒条例中所举的犯罪事件。如破坏社会道德、阻挠地方公益等罪名，范围标准都由警察厅或县知事决定，并且不限于已经犯罪的人，便是警察厅县知事认为"欲行"犯罪的人，也一律适用。凡受预戒令的人，居住、迁移、职业、行动都不得自由，与约法上居住迁移自由的规定，完全相背。故民国三年三月三日所公布的预戒条例，应即废止。

（六）戒严令第十四条规定的事件。凡人民身体、家宅、言论、著作、集会、结社、书信秘密、居住迁移和财产营业等自由，没有一件不被干涉。这种重大的问题，断不可让行政官自由处置，应该要求，以后如果不遇外患和战争已经开始的时候，不得国会省议会议决，或市民请求，不得滥行宣布戒严。

（七）下列四种自由，不得在宪法外更设立制限的法律。

1. 言论自由
2. 出版自由

3. 集会结社自由

4. 书信秘密自由

（八）这几年来，行政官厅和军警各署，对于人民往往不经法庭审判，擅自拘留，或擅自惩罚，把身体力行自由权剥夺净尽。应即实行"人身保护法"，保障人民身体的自由。

纪念林肯的新意义

我很感谢"美国之音"邀我参加林肯总统的一百五十年大庆典。

我是 1946 年制定中华民国宪法的国民大会的一个代表,我想说一个故事,让我的美国朋友们知道林肯的思想怎样会变成了中华民国宪法的一部分。

中国革命的领袖,中华民国的"国父"孙中山先生平常说,他所提倡的三民主义和美国林肯总统的三句话是相通的:林肯说的 The government of the people, by the people, for the people. 当时还没有适当的翻译。中山先生的自己翻译是"民有,民治,民享的政府"。他说,他的民族主义就是"民有",民权主义就是"民治",民生主义就是"民享"。

孙中山先生死在 1925 年。他死后二十一年,这些思想就概括在中华民国宪法的第一条里,这一条的全文是:

中华民国,基于三民主义,为民有、民治、民享之民主共和国。

所以我们可以说,林肯的盖梯斯堡演说的一部分,用孙中山先生自己翻译的文字,永远生存在中华民国宪法里。我相信这是我们中国人民对林肯表示的最高的崇敬。

今天我们庆祝林肯一百五十年的纪念,正当全世界的危机时期,我们不能不感觉林肯的生平事业对我们有一种新的意义。

这种新的意义就是：林肯当日面临的是一个分裂的国家，我们今天面临的是一个分裂的世界。分裂林肯的国家的，是一种把人作奴隶的制度。分裂我们今天这个世界的，是一种把人作奴隶的新制度。

在一百年前，林肯曾宣言：

一个自己分裂的家庭是站不住的。

我相信，在一半是奴隶，一半是自由人的状态，这个政府是不能长久存在的……将来总有一天或者全部是奴隶，或者全部是自由人。

林肯本人是反对奴隶制度的，他相信一切的人，无论什么地方都应该自由。

但他也是一个搞实际政治的政治家，所以他总不免有一种希望——一种无可奈何的希望：他总希望反对奴隶制度的人们能够"限制这种制度的推广"，能够"把这种制度认作一种不可再推广的罪恶，但是因为这种制度确已存在我们的社会里，我们只好容忍它，保护它"。

他这种希望，若用近几年流行的名词来说，可以叫做"圈堵"和"共存"的政策（The policy of "Containment" and "Co-existence"）。

但是林肯没有机会可以实行他的"围堵奴隶制度"的政策。从他被选作美国大总统，到他就职，在短短的几个月里，已有七个南方的邦宣告脱离联邦国家了，他们已成立了一个临时政府，并且把独立各邦境内的多数炮台也占领了。

林肯就总统职之后三十九天，战争就爆发了，——那个可怕的战争一直延长到四年之久。

林肯总统迟疑了一年半，方才颁布他的释放南方各邦境内全部黑奴的命令。最后的解放黑奴命令，1863年元旦颁布的。

当他迟疑不决的时期，林肯在一封信里曾说：

我的最主要的目的是要救这个联邦国家。……如果不解放一个奴隶而可以救国，我要干的。如果解放全部奴隶而可以救国，我也要干的。

当时战事的延长扩大，使他不能不承认释放奴隶的命令不但是道德上的必要，并且是军事上的必要。

直到今天，全世界最不忘记的、最崇敬的林肯，就是那位伟大的奴隶解放者林肯。

我们现在纪念林肯的生日，我们很自然地都回想到他在一百年前说的那几句富有预言意味的话：

我相信，在一半是奴隶，一半是自由人的状态，这个政府是不能长久存在的。……将来总有一天，或者全部都是奴隶，或者全部都是自由人。

林肯在一百年前说的这几句话，今天在我们的心里得着同情的响应，正因为我们现在正面对着一种新起的、更残酷的奴役人们的身体与精神的奴隶制度——这种新起的奴隶制度已经把一个很大部分的人类都变作了奴隶，并且还在很严重地威胁着整个世界。

我们在自由中国的人，在自由世界的人，都常常忍不住要问问我们自己：

我们这个一半是奴隶，一半是自由人的世界能够长久存在吗？

这个一半是奴隶，一半是自由人的世界究竟还能够存在多么久呢？

是不是将来总会有一天，——正如林肯在一百年前悬想将来总会有一天，或者全部都是奴隶，或者全部都是自由人？

我相信，这是林肯在今天给我们的新意义。

新闻独立与言论自由
——台北市编辑人协会欢迎会上讲词

主席,各位同仁:

刚才程沧波先生说我也算是一个编辑人,我的确是编过好几个报,只是没有编过日报。有一个时候,我几乎做程沧波先生的前任。上海有个大报,要我去做编辑人,那时我考虑结果,我不敢做,因为日报的工作太苦,我的生活不规则,担任不了。除日报以外,我曾编过三个周报,编过两个月报,周报最早的是《每周评论》,但最初并不是我编起来的,而是陈独秀这班朋友编的。不过在民国八年陈独秀先生被拘捕,那时没有人负责,就由我接办了几期,直到被北京警察厅封掉为止。以后又办《努力周报》,办了七十五期,有一年半,到曹锟贿选时期,我们自己宣告停止。以后的《独立评论》是三个人负责,大部分是我编的,编了五年,出了二百五十期。因为这个资格,所以我在美国做外交官的时候,美国有个新闻记者名誉协会,叫我"正在工作中的新闻记者",并送我一个金质钥匙,因为我正在做外交官。假如我知道今天会有这样一个盛会,一定会把那个金质钥匙带来给大家看看,因为有这个资格,所以刚才我敢称大家为同仁。

在参加今天这个盛会以前,我决没有想到大家要请我来说话,以为只是请我来吃饭的。到了门口才看到是讲演会,所以今天我一点没有准备,在餐桌上就请程沧波先生和曾虚白先生给我题目,他们都很客气，可是刚才主席说的话等于给了我一个范围。可是这个题目太大了，言论自由的确是个大题目。

前天在《自由中国》杂志三周年纪念的茶会上我也稍微说了几句，我说言论自由同一切自由一样，都是要各人自己去争取的。言论自由并不因为法律上有规定，或者宪法上有这一条文，就可以得来，就是有规定也是没有用的。言论自由都是自己争取来的。我为什么这样说呢？这几天与朋友们也讲过，无论世界任何国家，就是最自由、最民主的国家，当政的人以为他是替国家做事，替人民做事，他们总是讨厌人家批评的。美国当然是很尊重自由的，绝对没有限制言论自由，但是诸位还记得的吧，前两年在华盛顿，有一个《华盛顿邮报》的戏剧音乐批评家，批评总统的小姐唱歌唱得不好，杜鲁门先生就生气了。第二天自己写了一封信送给这个音乐评论专栏记者，连他的秘书也不知道，骂他，并且说，你要再这样批评，我就要打你。这件事也曾轰传一时，成为笑谈。故事开始时，我们明白，杜鲁门总统对于人家批评他的政治，已经养成容忍的习惯，不能发脾气。批评他的行为，批评他的政策，批评他的政治，他尽管不高兴，但是没有法子干涉。不过到了人家批评他小姐的唱歌好不好时，他觉得做爸爸的忍不住了，就出出气，用粗鄙的语句说要打人家。可是他的信写出以后，得到社会上很不好的反应，我可以相信，杜鲁门先生决不会写第二次这样的信。因为他的小姐唱歌好不好，别人有批评的自由，可是他写信时并没有想到戏剧歌曲家批评唱歌好不好，这也是言论自由。而且言论自由是社会的风气，大家觉得发表言论，批评政府是当然的事，久而久之，政府当局也会养成习惯，所以言论自由是要争取的。要把自由看作空气一样的不可少。不但可以批评政治，不但有批评政策的自由，还可以批评人民的代表，批评国会，批评法院，甚至于批评总统小姐唱歌唱得好不好，这都是言论自由。

人人去做，人人去行，这样就把风气养成了。所以我说言论自由是大家去争取来的。这样好像是不负责任的答复，但是我想不出比这更圆满的答案。

在自由企业发达的国家，尤其像美国，他们的报纸是不靠政府津贴的。所用的纸，都是在公开市场上买的。他的收入完全靠广告。因为在自由企业发达的国家，商业竞争剧烈，无论有了哪一样新的产品，大家互相竞争，所以花在广告上的钱往往不下于制造的费用。这是报纸经费最大的来源。杂志也是这样，这些条件我们都缺乏。在美国就没有一个报纸可以说是国家的。政府决不办报纸。有党籍的人办报也不是以党的资格来办。譬如有许多报纸，在选举期间，在候选人出来之前就有一种表示，有些表示得早，有些较晚，当初共和党人的报纸占大多数，然而二十年来共和党并不能当政。共和党人都是有钱的大资产阶级；民主党向来是代表农民、小资产阶级、知识阶级的党。照党的背景看来，报纸老板共和党的人特别多，应该是共和党永远当政。但是社会并不因为共和党报纸多而影响选举。英国也是一样，有一个时期，工党只有一个报，销路很小，叫做《H. R. 报》，后来销路增加，那时自由党有无数报社，然而工党已经当政了两次。这就说明这些国家没有一个报算是政府的，他们是独立的，能够自立的。这与我们有很大的区别。像我们现在的困难状况之下，纸的来源要政府配给，一部分材料也得要政府帮忙，至于广告，在我们工业不发达的国家等于没有。所以广告的收入不算重要。尤其在这个困难时期，主要的报纸都是政府报，或是党的报纸，因为是政府的报、党的报，言论自由当然就比较有限制，我个人的看法，感觉到胜利之后，政府把上海几个私家报纸都收归政府办、党办，至少党或政府的股东占多数，这个政策我想是不对的。应该多容许私营的报纸存在，而且应该扶助、鼓励私家报纸，让它发展，这也是养成言论自由的一个方向。政府要靠政策行为博取舆论的支援，而不靠控制来获取人民的支持。我觉得这是言论自由里面一个重要问题，值得大家考虑的。

关于材料，包括纸、原料的配给，在现在艰难的时期，我觉得应该养成一种习惯，由编辑人协会、报业公会、外勤记者联谊会等团体，参加支配报纸。因为言论自由不应该受这种不能避免的物资的影响，这是值得讨论的，不过想在这困难时候做到完全自由独立，确是很难。

回想我们办《独立评论》时，真是独立。那时销路很广，销到一万三千份。我们是十二个朋友组织一个小团体，预备办报，在几个月之前，开始捐款，按各人的固定收入百分之五捐款，这是指固定收入而言，临时的收入不计算，几个月收了四千多元，就拿来办报。我们工作的人不拿一个津贴，也没有一个广告，因为那时广告要找国家银行或国营机关去要，那么就等于接受了政府的津贴，等于贿赂，所以五年之中，我们除了登书刊的广告之外，没有收入。我们发表的文章有四千篇，没有出一个稿费，因为那时我们这班人确是以公平的态度为国家说话，为人民说话，所以我们即使不给稿费，人家也把最好的稿子送来。最初我们的稿件百分之九十是自己写的，后来外稿逐渐增加，变成自己的稿只有百分之四十五，外稿占百分之五十五，甚至有许多好的文章先送到我们这里来，如果我们不登，再转投其他有稿费的刊物去发表。在民国三十五年回国的时候，许多朋友说："胡先生，我们再来办个《独立评论》。"但是那时排字工人的工资比稿费还要高，我拿不出这些费用，非政府帮忙不可，而且人人都要稿费，我也拿不起，若是我办杂志而要求人的话，我就不办了。这并不是责备任何人，而是事实。这就表示在自由企业不发达的国家，又在这种局面之下，当然有许多方面不容易有完全独立或完全自由的言论。不过无论如何，自由的风气总应该养成。就是政府应该尊重舆论，我说这话是一个事实，大家应该谅解。我觉得，不要以为自己党来办报、政府来办报，就可以得到舆论的支持，没有这回事的。这种地方，应该开放，越开放越可以养成新闻独立，越可以养成言论自由，而政府也就可以得到舆论的支援。至于支配纸张材料的机关，应该由有关的团体参加，政府不要以配给政策影响言论的自由。

有人说只有胡适之有言论自由，这话不是这样说的。从前我们办《努力周报》，正在北洋军阀时代；办《每周评论》是民国八年，也是军阀时代；办《新月》杂志是国民革命后的头两年，后来办《独立评论》，完全是国民党当政时候，是在九一八事件发生以后的几个月，我们受了"九一八"的刺激才办的，一直办了五年，到民国二十六年七月二十五日出最后的一期，二十八日北平就丢了。在这个时期，人家就曾说过胡适之才有言论自由，其实不然。我承办的头一个报就是被北平警察厅关闭的。第二个在曹锟贿选时代，当时的局面使我们不能说话，所以就自己将它取消了。后来的《新月》杂志也曾有一次被政府没收，《独立评论》也曾被停止邮寄，经过我打电报抗议以后才恢复的。当宋哲元在北方的时候，那时是1936年（民国二十五年），我新从国外归来，一到上海就看见报纸上说"北平的冀察政务委员会把《独立评论》封了"。这是因为我12月1日到了上海，所以就给我一个下马威。那时我也抗议，结果三个月后又恢复出版，所以我并没有完全失掉言论自由。为什么那时我们的报还有一点言论自由呢？因为我们天天在那里闹的。假使说胡适之在二十年当中比较有言论自由，并没有秘诀，还是我自己去争取得来的。

争取言论自由我们最重要的是要得到政府的谅解，得到各地方政府的谅解。政府当然不愿意你批评，但要得到政府谅解，必须平时不发不负责的言论。比方中日问题，我们的确对于政府有一百分的谅解，在报上不说煽动的话，即使有意见或有建议，只见之于私人的通信，而不公开发表。在那时，我们曾提出一个平实的态度，就是公正而实际，说老实话，说公平话，不发不负责的高论，是善意的。久而久之，可以使政府养成容忍批评的态度。

人家说，自由中国言论自由不多，不过我看到几个杂志是比较有言论自由的，譬如杜衡之先生办的《明天杂志》，臧启芳先生办的《反攻杂志》，我觉得他们常有严厉的批评。《反攻》上的文章对于读经，有赞成的，有反对的，这个也是言论自由。我还看见几个与党有关系的杂志，对于读经问题，批评得也很严厉。《明天杂志》对于政治的批评也颇有自由，这都是好的现象。只要大家能平实，以善意的态度来批评，是可以争取言论自由的。况且我想政府也需要大家的帮助，只要大家都说公平的话，负责任的话。今天我因为没有准备；讲得很草率，请大家原谅。

致《自由中国》社的一封信

儆寰吾兄：

我今天要正式提议请你们取消"发行人胡适"的一行字。这是有感而发的一个很诚恳的提议，请各位老朋友千万原谅。

何所"感"呢？《自由中国》第四卷十一期有社论一篇，论《政府不可诱民入罪》。我看了此文，十分佩服，十分高兴。这篇文字有事实，有胆气。态度很严肃负责，用证据的方法也很细密，可以说是《自由中国》出版以来数一数二的好文字，够得上《自由中国》的招牌！

我正在高兴，正想写信给本社道贺，忽然来了"四卷十二期"的《再论经济管制的措施》，这必是你们受了外力压迫之后被逼写出的赔罪道歉的文字！

昨天又看见了香港工商日报（7月28日）《寄望今日之台湾》的社论，其中提到了《自由中国》为了《政府不可诱民入罪》的论评，"曾引起有关机关（军事的）不满，因而使到言论自由也受到一次无形的损害"，……"为了批评时政得失而引起了意外的麻烦"。我看了这社评，才明白我的猜想不错。

我因此细想，《自由中国》不能有言论自由，不能有用负责态度批评实际政治，这是台湾政治的最大耻辱。

我正式辞去"发行人"的衔名,一来是表示我一百分赞成"不可诱民入罪"的社评,二来是表示我对于这种"军事机关"干涉言论自由的抗议。

思想革命与思想自由

建设时期中最根本的需要是思想革命,没有思想革命,则一切建设皆无从谈起。而要完成思想革命,第一步即须予人民以思想的自由。

诸君或者要想:题目的本旨是建设,而你却谈思想革命,这未免太矛盾了。实则建设与革命,皆除旧布新之谓,无建设不是革命,无革命不能建设,思想革命与建设的本旨是并不违反的。

思想何以须革命呢?

(一)因为中国的传统思想,有许多不合于现代的需要,非把它铲除不可。

(二)因为传统的思想方法和思想习惯亦不合于现代的需要,非把它改革不可。

中国古来思想之最不适合于现代的环境的,就是崇尚自然。这种思想,历经老、庄、儒、释、道等之提倡,已经根深蒂固,成为中国人的传统思想。现在把它分析起来,则有下列几项:

(一)无为。老庄等皆主清净无为,以为自然比人为好,即儒家亦有些种倾向,如说"夫何言哉。四时行焉,百物生焉"。然而这种思想,却与现代环境的需要相反背,我们所需要的是:

(二)无治。现在的社会需要法律和纪律,而老庄之流则提倡无政府的思想,一切听诸自然。这种思想影响人民的生活者很深，驯致养成"各人自扫门前雪，莫管他人瓦上霜"的态度。

（三）高谈性理。现在的人们需要征服自然，而传统思想，则令吾人听天由命，服从自然的摆布。

（四）无思无虑。惟有思虑，然后有新知识，传统思想则令吾人减少思虑，以不求知为大智，因此科学遂无由发达。

（五）不争不辩。现在的环境，需要人人参与政治，敢于发表舆论，主张公理。传统思想则令吾人得过且过，忘怀一切。"此亦一是非，彼亦一是非"，无所用其争辩。以实行唾面自干，为无上的美德。这种思想与时代精神根本不能相容。

（六）知足。不知足乃进步之母，崇拜自然者叫随遇而安，断了腿，失了臂，也听其自然，这样社会还有进步的可能吗？

以上几种传统思想，与现在中国的环境根本上不相容，故需要思想革命以铲除之。至于传统的思想方法和习惯，也有很多不合现代需要的地方：

（一）镜子式的思想。"寂然不动，感而遂通"，自己不用力，物来则顺应之，这样可谓镜子式的思想。其流弊便是不求甚解，不加深思，只会拾人牙慧，随声附和。

（二）根本上不思想。思想所以解决问题，须要搜集材料，寻求证据，提出反证，再加上分析试验的工夫，是何等的难。然而从前的思想方法，并没有这些步骤，根本上竟是不思想，因此学术不能猛进。

（三）高谈主义而不研究。当此世界各种思想杂然繁兴的时候，国人的思想方法，仍沿时的习惯，于是发生种种不良的现象，人家经多年的研究，经几次的修正，始成立一种学说，一种主义，到了我国，便被人生吞活剥，提出几个标语号，便胡行妄为起来。即以社会思想为例，各国的社会主义者，都研究本国经济发展的过程，社会上种种制度的沿革，以寻求一个改良的方案。返观我国一般人肯这样潜心研究的有几人呢。

（四）要纠正前述的弊病，今后必须尊重专家，延请专家去顾问政治，解决难题；没有专门研究的人，不配担负国家和社会的重要责任。从前袁世凯废止科举，把我国千余年来仅有的一种用人标准根本推翻了。他不想到改良考试的标准，而贸然把考试制度的本身推翻，弄得现在没有一种用人的标准，都是不深思之过。

现在要讲思想自由了。从前的弊端既在于不思想，或没有深的思想，那么纠正之道便是思想之，而思想自由就是鼓励思想的最好方法。无论古今中外，凡思想可以自由发表，言论不受限制的时候，学术就能进步，社会就能向上，反之则学术必要晦塞，社会必要退化。现在中国事事有待于建设，对于思想应当竭力鼓励之，决不可加以压抑。因为今日没有思想的自由，结果就没有真正的思想，有之则为：（一）谄媚阿谀的思想。（二）牢骚怨愤的思想。这两种思想，是只能破坏，不能建设的。

总之，思想如同技术，非经过锻炼不可，没有思想自由，就没有思想革命，没有思想革命，就无从建设一切。就［即］使有了建设，也只是建在沙土之上，决无永久存在之理。

读程天放先生的《美国论》后记

我的朋友程天放先生新著的《美国论》是一百多年来中国学人写的介绍美国、说明美国、了解美国的一部最好的书。

程先生在自序里说他在四十七年（1958年）四月开始写这本书，整整写了二十个月，到四十八年（1959年）十二月中旬方脱稿。《美国论》是三十万字的大书，因为作者前两年（1955年—1957年）在美国讲学时已开始收集资料了，又因为他写作很勤快，所以能在二十个月里写成这部大书。

这部书我曾从头读了两遍，我觉得有几点是值得特别指出的。第一，我很佩服作者搜集资料的勤劳，运用资料的谨慎。这书里用的统计资料，绝大部分是最近两三年里发表的最新材料。例如二五六页提到的国债限额，是去年九月初的数字；二五二页提到的七百七十亿美元的国家预算，也是去年提出的1960年会计年度（即是本年度）的预算；二五三页提到的就业人数六千五百六十四万，失业人数三百六十七万，都是去年十一月底的数字，可以说是这本书脱稿前几天的最新数字了。

第二，我很佩服天放先生在这书里用的历史叙述方法。他这本书是一本很好的美国史教本，比一些形式的历史教科书更可读，更有用。他先写一个"得天独厚的国家"（第一章），一个"正在成长的民族"（第二章），一个"三权鼎立的联邦制度"（第六章），这就是美国历史的基本知识。我们继续读他的"政党制度下的民主政治"（第七、八章），"高度繁荣的经济"（第十章），"资本主义下的劳工神圣"（第十一章），"从孤立到领导世界"（第三章），"普及全民的教育"（第十二章），"无远弗届的新闻事业"（第十四章），最后我们回头读他用气力写的两章"反共和反战"（第四、五章）：这就是一部很生动，很有趣味，又很有意义的美国历史了。他在每一章里，大致都依照历史发展的层次，叙述各种制度的演变，分开来看，每章是美国社会的一个方面的专史。合起来看，全本书是一部美国史。

第三，我特别敬重天放先生在全书里明白表现出他对美国民族与美国文化的同情热心。他在自序里曾说：我在这本书里描写的美国，……它有许多优点值得别的国家效法，可是它也有不少缺点需要改进。我对于美国的优点，充分地介绍给中国人，自信没有溢美；对于它的缺点，也毫不掩饰地叙述。……

话虽这样说，他对美国的同情心究竟远大过他的批评态度，所以这本书的绝大部分是用很热的同情心写的，我们试看作者在第二章里特别指出"美国人的特质"四点：第一是"拓荒者的精神"（Prioneer Spirits），第二是喜欢独立而不愿意倚赖他人，第三是乐观进取的精神，第四是好新奇，喜变动。他在第十七章里又特别指出"美国的生活方式"和欧洲人或亚洲人比较，有若干重要的区别：第一，美国生产事业发达，农产品工业品都非常丰富，所以美国人民物质生活的享用在欧洲人之上，更远在亚洲人之上。第二，美国的生活方式最讲究效率，希望用最少的人力，最短的时间，收到最大的效果。这也是欧亚国家没有做到的。第三，美国人的生活最近于西奥图·罗斯福总统提倡的"奋斗生活"（The Strenuous life），很紧张，很忙碌，"而不肯让他们生命中的时间白白费掉"。这一点是和欧洲亚洲的老民族"以闲散不做事为享福的观念"最不同的。第四，美国人一切主张独立，同时也最爱合群，"美国合群生活的发达也超过欧洲亚洲的国家"。

这都是最富于同情心的赞美词了，到了最后一章"美国文明的评价"，天放先生又特别提出美国的思想和制度"在整个人类文明史上有四种重大的成就"。这四种重大的成就是：第一是进步的人生观。"美国人自殖民（地）时代就承认追求快乐是人类一种基本权利，所谓快乐包括精神方面的发展和物质方面的享受。……他们对于一切学问，一切制度，一切技术，一切生活方式，都是不断地要求改良，要求进步，决不以现状为满足。""这种进步的人生观，对世界上落后国家是一针强心剂，打下去可以起死回生的。"（页四八四）第二是在美国的社会里，个人的聪明才智能够尽量发展。"美国是一个新的国家，有新的环境，加上优越的物质条件，和美国人平等观念与劳工神圣观念，使得每一个人不论在政治、社会、科学、艺术，或工商业方面，都有充分发展他聪明才智的机会。我们不能讲美国百分之百地做到了人尽其材，至少已经做到了百分的八九十。"（页四九一）第三是"民主政治大规模试验"的成功。在这一长段（页四九一——四九七）里，作者指出全世界现在只有十二个国家是"有百年以上民主政治的历史，养成了坚强的习惯，奠定了稳固的基础，……经过了长期试验，而证明民主政治推行顺利的"。在这十二个国家之中，美国的人口特别多（比英国大三倍半，比加拿大大十倍多），美国人的种族问题又非常复杂，所以"美国民主政治的顺利进行，实在是很大的成就"。第四，"美国文明第四个大成就是，以爱好和平的人民，而能建立世界上军力最强的国家，等到成为最强的国家之后，依然能保持爱好和平的心理，不走上侵略的道路"（页四九七，又看页五〇一——五〇二）。"因为美国人爱好和平，厌恶战争，所以美国不会走上侵略的道路，不但过去不曾走，将来

也不会走。惟其如此，美国庞大的力量才成为自由民主的保障，是世界的福而不是世界的祸。"（页五〇二——五〇三）

我相信，这都是天放先生诚心相信的话，都是他从多年的观察和成熟的思考得来的结论。我也知道，在这个年头，肯说这样赞扬美国的话，敢说这样坦白的歌颂美国文明的话，都不是容易的事，都需要坚强的信心与知识上的忠实。所以天放先生在这本书里坦白表现他对美国的同情热心，是值得我们诚心敬重的。

在一部三十万字的大书里，要找出一些小错误，当然不是很难的事。朋友们发现错误，可以随时报告作者，使这本书重版时可以修正。我在这里，只想指出这本《美国论》似乎忽略了两个方面，似乎将来应该补叙。第一，我觉得天放先生应该有一章专讲美国人的宗教。北美洲的英国殖民地，其中多数殖民地可以说是争取宗教信仰自由的人创立的。从 1620 年"五月之花"船上的新教徒起，到巴尔提摩勋爵（Lord Baltimore）为天主教徒建立玛丽兰，到那位个性最强的罗杰维廉士（Roger Williams）建立自由民主的罗岛，到十七世纪后期奎克会（贵格会）友建立纽泽西及宾雪文尼亚两个奎克殖民地——新大陆上这些英国殖民地多少都含有宗教自由的乐土的历史意义。独立建国之后，新宪法的第一条修正案就明文规定，国会不得立法建立宗教，也不得立法禁约宗教的自由。这条宪法修正案是所谓"人民权利清单"（Bill of Rights）的一个重要部分，一百七十年来至今继续有效。美国是宗教派别最多，演变最繁，信仰最自由的国家。无论在乡村，在都市，宗教的势力，宗教的影响，都是很深厚的。所以我觉得在一部《美国论》里似乎不应该没有专讨论美国人的宗教的一章罢？

第二，这本书里有"严重的罪浪"一章，而没有叙述美国的司法制度的专章，似乎也是一个严重的缺陷。"严重的罪浪"一章里，作者用十八页的篇幅来描写"罪浪"，解释"罪浪"，最后方用一页（页三九八——三九九）的篇幅来报告读者："我们决不可因此而误认美国社会是一个秩序混乱的社会，美国人民都是违法犯罪的人。相反地，大多数美国人都是尊重法律而自动地守法的。"我觉得这一章在全书里是最缺乏平衡的一章。天放先生在此章的开篇引了吴稚晖先生说的"善进恶亦进"一句话，认为"真是至理名言"，我觉得那也是太悲观的看法。这种看法和作者在全书里热心歌颂的"进步的人生观"是根本不相容的。如果三五件或三五十件"骇人听闻"的犯罪例子就可以"充分证明'善进恶亦进'的真实性"，那么，进步的人生观就不值得歌颂了。所以我觉得"严重的罪浪"一章是很容易使读者误解的，是大可以删去的。我也觉得，作者应该补写一章记载美国的司法制度，特别叙述陪审制度，人身保护状（Habeas Corpus），证据法的发达，司法权的真正独立，律师在社会各方面的重要地位，等等，——这样的一章"美国人的司法制度与守法精神"似乎是《美国论》不应该没有的罢？天放先生以为如何？